U0010255

生活美容

過去搽太多保養品了！

序言

像隻貓咪洗臉般

梳妝檯已經爆炸了啦！拜託稍微幫保養品「塑身」一下吧！

「不是嘛！你一個女孩子家為什麼這麼不愛乾淨？還不快去洗洗臉？你這副髒兮兮的樣子，我看不下去了，真是的！」念小學的時候，媽媽對著我不眠不休的嘮叨就是「稍微洗一下臉吧！」只要跟她對到眼，她就會立刻叫我快去洗一洗。直到被火冒三丈的媽媽碎碎念到耳朵都長出繭後，我才總算肯用清水隨便潑一潑，當作自己洗過臉了。當時又不是像現在一樣住在隨開隨有熱水湧出的公寓，住在那種連在家裡要穿上Parka連帽外套，冷得像是西伯利亞高原一樣的獨立式住宅，洗個臉有什麼好值得興奮的？沒錯！沒錯！當我假裝洗完臉出來後，媽媽就會說：「又是貓式洗臉法啊？」貓式洗臉法，那是我第一次聽到如此可愛的用語。

在我看來，那個為了讓自己看起來稍微整潔一些，像是模仿著貓咪用口水輕輕洗著臉，那個全身上下幾乎只有臉是乾淨就跑去上學的懶惰蟲，現在已經變成一個亭亭玉立的女人了。

千萬別在陽光燦爛的地方照鏡子才是明智之舉。成為女人後，年紀漸增，再也沒有什麼比太陽更可怕的了，因為它會讓一切無所遁形，斑、皺紋、醜態，再加上如芝麻般附著於臉上的黑頭粉刺……一切都會像被擺上顯微鏡一樣清晰可見，實在是太可怕了。

任誰都是如此，開始對自己的臉蛋產生挫折感之際，就是開始錯覺自己從此只能依賴化妝品之時，接著便發狂似地把各種功效的化妝品、保養品抹上臉，不管皮膚是否會飽得炸開，是否會因承受不住而狂瀉不已，什麼都不管了！光是塗塗抹抹，心裡就覺得很滿足，深信這麼做勢必就能擦出人生同花順。那麼，驚覺到情況已經連化妝品、保養品都無法解決時？便是開始心動於前往皮膚科動點手術的時候了。削一削、補一補、加一加，發現自己變得不同時的愉悅，當然很令人心滿意足；只不過，當自己沒有能力負荷手術時，就只能像是面臨世界末日般，長嘆一口氣……接著便開始怨恨自己的人生居然連變漂亮的權利都沒有，嘴裡還一邊唸著「唉，我歹命啊！」

我不打算繼續說下去了，因為更多的故事將會陸續在書裡出現。不過，請從現在開始做好準備，準備將不能用的保養品通通清掉、準備將不管用盡什麼方法買回來用的產品，通通換成「健康」的傢伙、準備靜下心來和從前不假思索就吃下肚的食物道別，還有準備好重新見到這張自己其實真的很美的臉蛋……諸如此類的準備。

近來，「簡單」是趨勢，就連讓自己變漂亮，也只要靠這些簡單的公式；或許，正是那些過去你所深信不已、以身試法的美容知識，「造就」了自己臉上的這些麻煩。就以這些讓大家看了深感無言以對的威脅開始吧！現在開始仔細地閱讀並實踐，大家一起變漂亮吧！變成美麗女人的祕訣，意外簡單。

「你是誰？」
編輯 C 的「鏡子悲歌」

編輯日記

「你光靠皮膚就打遍天下無敵手了啦！」

十幾二十歲出頭，那段正值臉蛋沒一處漂亮，平凡無奇的時期。身邊的人經常掛在嘴邊的話就是「亮白的皮膚是你唯一的優點」，毛孔？看不到！皮膚問題？沒有！斑？不知為何物！再加上用手摸那絲毫沒有一點凹凸的柔嫩、光滑的觸感！毫不起眼的全身上下，皮膚是我唯一值得驕傲的地方。當時，我一點都不知道，這個唯一的優點，竟然會以迅雷不及掩耳之勢消失了。

個性有些敏感的我，很容易就會感受到壓力，因此我盡可能地讓自己的生活避開壓力，沒錯，簡單來說，就是活得比較吊兒郎當的意思；可是，成為大人後，便再也不可能避開壓力而活了。大三那年，開始苦惱於人生規劃和就業問題後，伴隨而來的就是冒出了一、兩顆史無前例的發紅、發炎的痘痘，即便從未預料過自己的反應，卻忽然感到相當害怕。然而，越是在意，越會無意識地經常用骯髒的手去碰觸痘痘，而且為了遮掩連自己都討厭看到的皮膚問題，妝也跟著越化越濃。

除此之外，進入職場後，皮膚的狀況也跟著每況愈下。菜鳥編輯的職務實在太吃力了！滿到頭頂的壓力加上不規律的生活作息，讓膚質瞬間跌入一生中最糟糕的狀態。經常覺得臉部灼熱、冒痘痘和各種發炎症狀、角質堆積和異位性皮膚炎……說是聚集了各種可以出現在皮膚上的壞東西，一點也不誇張。

從那時候開始，我開始掃購這個世界上所有提及可以解決皮膚問題的保養品，購物範圍除了百貨公司、網路、實體店面，甚至還包括到府推銷與國外直購，通通都留有我的足跡。除此之外，還會盡最大的可能躲避拍照和照鏡子；每當電視上提及橘子皮或海鞘[1]時，都會戰戰兢兢於身邊的人會不會因為聽到這些詞彙而想起我的臉。雖然只有皮膚這個部分變差了，可是心卻變得越來越自卑。

相較於膚況最惡劣的時期，經過了幾年後的現在，總算重新找回變得健康許多的皮膚，這一切多

虧了接下來要介紹給大家的各種方法。不過，皮膚仍舊會隨著壓力或荷爾蒙週期的影響，而出現顯眼的變化，加上為了想要消滅先前因皮膚問題而留在臉上的痕跡，做了幾次雷射手術，因而變得更敏感的臉部皮膚，也變得更容易泛紅。雖然距離成為「美膚人」還有一段漫長的路，但是現在的我已經能有效掌握自己皮膚所需，因此就算皮膚出了任何狀況，也不會再像以前一樣倍感挫敗了。

比起其他人，我花了更多時間在煩惱皮膚的問題，因而被任命為出版社的非官方美妝&健康專業編輯，並且開始身兼大家的皮膚困擾諮商師。只不過，我並沒有辦法爽快地回答每個人提出的皮膚問題，因為如果全世界有七十億人，世界上就會存在著七十億種個別的皮膚類型。

然而，我可以很自信地說，抱著下工夫和自己的皮膚談一場戀愛的心態，花心思好好關心自己的皮膚，絕對可以實在地見到自己和皮膚的關係變得更加親密。單純為了要解決皮膚困擾而購買保養品、悉心照顧、反覆照鏡子的時期，我絲毫不曾為這一連串過程感到開心過，因為這一切彷彿是不得不完成別人丟給我的功課般，吃力、麻煩。如果像我一樣，把照顧皮膚視作心理一大累贅、負擔，奉勸各位，當務之急就是要先改變這樣的想法。

琳瑯滿目的保養品中，勢必有一種是百分之百適合自己皮膚的，試著享受尋找「它」的過程吧！除此之外，飲用純淨的水、食用以好食材製成的料理、努力運動，不只皮膚會變好，還可以塑身，讓身體變得健康。這一切，不都是值得開心享受的過程嗎？

不做他想地享受這一切吧！將奮力為了變得更漂亮的過程當作一場遊戲，樂在其中。我敢保證，你會在某個瞬間，赫然發現那個閃閃發亮的自己！最後，也希望這本書裡提到的皮膚保養，能夠稍微改變大家固有的想法。

---

1 譯註：韓國常見的海產之一，表面凹凸不平，外形類似鳳梨。

保養品 日記

皮膚並不像想像中
那麼喜歡保養品

美容　日記

能讓自己變漂亮的生活習慣
比想像中簡單

保養品日記

皮膚並不像想像中那麼喜歡保養品

終極保養品

減少數量！非有不可的最簡化清單

梳妝檯上的必需品

化妝棉和粉撲海綿 盡可能使用材質好的製品，並定期清洗。這兩項單品扮演著整理皮膚角質以及提升妝容完整度的重要角色。

無酒精化妝水 不含酒精的化妝水是絕對不可或缺的單品。

一個保濕專用的保養品 大膽地省略塗抹乳液、面霜和精華液的過程！只需要用一個充分擁有保濕效能的單品來取代上述一切，便已足夠。油性肌膚的人，以少許的分量，輕薄搽勻即可；乾性肌膚的人，塗抹時搭配輕巧的拍打動作，促進吸收後，再多塗抹一次，是比較好的做法。

凡士林 無論大家怎麼說，世界上絕對不會有比凡士林來得更厲害的「全方位藝人」了，護唇膏、指緣保養霜、膝蓋或手肘的保濕品……能夠活用於多樣層面的凡士林，是冬天梳妝檯上尤其不可或缺的必需品。

護膚油 一滴護膚油就能鎮定肌膚，讓膚況變得穩定。選擇質地與人體肌膚極為相似的荷荷芭油（Jojoba Oil）為基底的護膚油，能大大降低失敗的機率。

從前以為只要塗塗這個、抹抹那個，就是對皮膚好，所以與具有各種機能的保養品「同甘共苦」了好一段時間。以結論來說，就是NO！反而應該要減少保養品，替它們進行「塑身」才是上上策，因為層層疊覆的保養品，只會徒增肌膚的負荷量，所以讓我們來替自己的皮膚精挑細選幾樣真正需要的保養品吧！當然，一開始的時候，是不會有什麼靈感的，我怎麼有辦法從那些小巧可愛的孩子裡，把誰趕走呢？這種時候，有一個很簡單的方法，如同在測試人際關係一樣，試著測試一下保養品的重要程度：「假如只能選擇三樣一天也絕對、絕對不能缺少的保養品……？」「要出發前往無人島，可是只被允許攜帶一個手掌大的袋子！此時，絕對沒有辦法捨棄的東西……？」想像完諸如此類的極端情況後，便能清楚浮現出究竟該把什麼東西留在自己身邊了，同時也能輕易掌握各種品項的重要程度。事實上，這些問題並沒有標準答案，因為有人只要搭化妝水就夠了，有人就連搭了化妝水、精華液、乳液、面霜、護膚油後，都還無法穩定膚況。因此，奉勸大家好好關心一下自己的皮膚，慢慢找出真正適合自己皮膚的「終極保養品」吧！

浴室置物架上的必需品

弱酸性肥皂　雖然把肌膚洗得嘎吱作響是一件很無趣的事，但是無論是用來洗澡或洗臉，肌膚不但不會感到緊繃，還會覺得很濕潤，會出現這種狀況卻絕對不是因為缺乏清潔力。除此之外，浴室裡就該有一塊白色的肥皂，才能讓心情豁然開朗嘛！

液體皂　Dr. Bronner's、Dr. WOODS等品牌推出的液體皂，不僅價格親民，成分好，實用度也很高。雖然可以作為洗髮精或牙膏，但是用來洗臉和洗澡似乎還是最適當的用途。

成分良好的牙膏　選擇牙膏時，即便價格比較高，還是建議選擇成分良好、具機能性的產品較佳。照片裡的Ajona牙膏，能夠有效去除口臭和發炎症狀。每次只需要使用豆子般大小的分量，所以即使產品體積不大，也能使用很久。

保濕噴霧　事實上，比起放在梳妝檯，保濕噴霧更應該放在浴室。洗臉後，立刻噴上保濕噴霧，便能讓肌膚絲毫沒有變乾燥的空隙，徹底有效保水。若是使用含有溫泉水成分的噴霧，偶爾也可以試著在噴灑時睜開眼睛，雙眼會有清爽明亮的感覺。

精華油　將擁有保濕功效的護膚油放在梳妝檯上，那麼就把精華油放在浴室吧！洗臉後、洗澡時、護髮時，只要混入一滴精華油，除了能有芳香療法的效果外，也能讓浴室飄散使人心情愉悅的餘香好一陣子。薰衣草精華油是最不會出錯也最普遍的選擇。

角質，怎麼辦？

別想著消滅它，從營造不會堆積角質的環境開始

　　假如從來沒有因為皮膚堆積角質，或化妝時出現浮粉情況而感到困擾，其實就沒有非得使用磨砂或去角質產品的必要，原因在於，健康的皮膚本來就會隨著固定的週期，讓死亡的細胞以角質的形態自然脫落。不過，即便仔細謹慎地保養皮膚卻仍會出現角質，或是乾裂紋路較為明顯的膚質，可就得用另一種處理方式了。無論是乾性肌膚或油性肌膚，一旦缺乏水分，角質便無法徹底脫落，繼續附著於皮膚上，至於周期還沒結束的細胞也會因為乾燥而浮起，此時正是最適合整理角質的時候。

　　在談論磨砂或去角質產品之前，首先我想說的是，其實營造讓皮膚不會堆積角質的環境才是最重要的。想要去除角質，當然免不了要對皮膚使用物理性或化學性的刺激，但是這些外來的刺激，理所當然對皮膚不會有什麼好處。想要擁有無角質的好皮膚，最重要的是更加、更加注重保濕就OK了！

　　平時充分攝取水分，養成睡前使用蘆薈凝膠或保濕面膜等抑制皮膚乾燥的習慣，便能大大地減少角質困擾。這些保水方法，當皮膚受到紫外線等外來刺激而變得乾燥時，也能發揮作用；如果對已經受過外來刺激的皮膚去角質，反而會惡化肌膚原有的問題，因此，利用上述的蘆薈凝膠或保濕面膜等抑制油脂產生的保濕產品，便能穩定膚況，改善角質問題。

　　萬一堆滿角質的臉蛋變得暗沉時，該要用什麼方法去角質呢？簡單來說，有兩種方法：利用顆粒摩擦快速去角質的物理性方法，或是利用含有果酸成分的產品，融解皮膚表面角質的化學性方法。選擇物理性的磨砂，具有可以當下立見效果的優點，不過缺點是，稍有不慎便會對皮膚造成過度刺激，所以盡可能選用顆粒細緻的產品，按摩的時候也千萬不要拚命使勁按壓，只需輕輕地摩擦皮膚表面即可。

　　另外，也有許多的皮膚專科推薦使用AHA、BHA等酸性物質，融解皮膚表層，進行化學性去角質。不過，使用較強烈的化學性去角質產品時，會讓皮膚變得非常敏感，所以市面上所販售的大多是盡量減少刺激皮膚的產品。因此，即便這麼做不會有戲劇性或立即性的效果，可是只要持續使用，便能有助於維持好皮膚的狀態。

　　無論是進行完物理性或化學性的去角質後，皮膚都會變得敏感，一定要比平常塗抹上更多的保濕產品才行。清除角質後，便能馬上體驗到保養品完全被吸收的感覺。但是，如果因為皮膚變得容易吸收而塗抹油脂過多的產品，皮膚反而會因為過分營養而出現狀況，所以請記得選擇含水量較多的產品。

化學性去角質產品的兩大主成分

AHA 又稱「果酸」，為去角質產品的主要成分，是「Alpha Hydroxy Acid」的縮寫。乙醇酸、乳酸、蘋果酸、檸檬酸、酒石酸等皆屬此類，在保養品的成分表上則會標示為Glycolic Acid、Lactic Acid等。一般而言，內含濃度多為5～10%（50%以上的AHA則是皮膚科醫生替病人進行換膚時使用）。由於擁有易溶於水中的水溶性，因而相當適合乾燥肌膚與混合性肌膚使用，油性肌膚因為油脂分泌較旺盛，使用AHA去角質的效果難免比較弱一些。

BHA 又稱「水楊酸」，為去角質產品的主要成分，是「Beta Hydroxy Acid」的縮寫。水楊酸是BHA唯一的成分，在保養品的成分表上則會標示為Salicylic Acid。保養品被允許使用的水楊酸濃度為0.5～2%；在韓國，使用的濃度上限為0.6%，不過由於此類產品允許進口，如果想要含有更高濃度的產品，就得透過國外直購的方式了。與AHA的不同之處，在於擁有容易溶於油脂中的脂溶性，因而相當適合皮膚有小狀況的人使用；如果是皮脂引起的黑頭粉刺、白頭粉刺、痘痘等困擾，比起AHA，選擇擁有BHA成分的去角質產品效果更佳。

進行化學性去角質時的注意事項 若與含有酸性成分的維他命或視黃醇一起使用，會刺激皮膚，應避免混合使用；挑選紫外線較弱的夜晚或白天時與防曬產品一起使用為佳。

黑頭粉刺，不要碰它

擠粉刺，正是回不了頭的根源

忙碌的時候，反而因為沒有時間照鏡子，也就沒有時間搞壞自己的皮膚了。問題都是出在閒閒沒事時，坐在梳妝檯前，摸摸皺紋、拔拔汗毛、修修眉毛，然後視線就轉移到扎根在鼻頭上的黑頭粉刺。起初，總是一心抱持著「只要擠掉幾顆黑頭粉刺就好」，可是當黑色的皮脂接續湧出後，那種快感使人漸趨興奮，最終，便索性埋頭狂擠。然而，經過一連串的「施工」後，剩下來的就只有一顆大大的草莓鼻……還有一大堆坑坑疤疤，任誰都看得出該補一補的凹陷毛孔。

有些日子會像這樣一時衝動去摳擠黑頭粉刺，有些日子會下定決心正式向黑頭粉刺宣戰；利用熱水讓毛孔打開，貼上粉刺貼，等待完全變得乾硬後，強忍極度的痛楚撕下粉刺貼，再用冷水收斂毛孔……做完之後，心滿意足得像是完成了一場完美的護膚工程。見到附著在粉刺貼上黃色皮脂時的快感，當屬人類感受到極佳快感的前幾名。用著滿溢關愛的眼神，東看看、西看看粉刺貼上的皮脂，偶爾還會輕輕撫摸，甚至還會出現捨不得丟棄，想要保留下來的念頭……希望上述故事並不是只有發生在我一人身上。雖然說來有些感傷，但是，或許從來不曾體驗過這種快感反倒比較好。一旦為了去除黑頭粉刺而變大的毛孔生成，它們就不會再縮小，潑再多的冷水，也不太有可能恢復彈性（果斷來說，是絕！對！不可能！）。

人體包圍毛孔的肉，是沒有肌肉的，因此，可以說毛孔背負著只能無止境擴展的命運。管理毛孔的目的，並不是為了要縮小毛孔，而是要盡可能讓毛孔不再繼續擴張下去。

黑頭粉刺令人厭惡到連看都不想看到，但是如同擠爆痘痘的道理一樣，擠出黑頭粉刺的過程，只會更加容易增大毛孔。最關鍵的是，用這種方式去除黑頭粉刺，不僅會讓毛孔回不了原有的緊緻，一、兩天之內，皮脂和老廢物質就會再次湧進粉刺被拔除後的空位，黑頭粉刺又會重新原封不動地扎根於原位了。利用熱毛巾打開毛孔，貼上粉刺貼，再用冷水收斂毛孔的方法雖然不算差，但是效果卻沒有辦法維持一天以上。

難道就這麼放著黑頭粉刺不管嗎？當然不是。黑頭粉刺是因為毛孔內部的皮脂接觸到外界空氣等等，才會露出來，並變成黑色的，所以不要一心顧著想把它們斬草除根，而是只要處理好氧化的表面，就能讓討人厭的黑色點點消失不見。最簡單的方法是磨砂，以兼具大顆粒與質地細緻的產品，一週進行兩至三次，便能使毛孔看起來更加乾淨，同時也能確實阻擋毛孔繼續擴張。另外，磨砂後，記得用清爽的化妝水輕輕拍打皮膚喔！

啊！近來出現了所謂的「毛孔刷」，正是可以不用將粉刺連根拔起，卻又能有效解決氧化與凹凸不平皮脂問題的工具。

化妝棉，不要小看它

別讓自己遭受品質惡劣的化妝棉攻擊

化妝棉不斷地進化，由於製作時的壓縮方法進步，現在無論是化妝棉糊成一團，或是在臉上留下殘骸的事情都跟著減少了。除此之外，化妝棉還具備了有助於去角質的紗布面，可以利用這個部分有效地拭去老廢物質。有可以剛好夾在手指頭之間的產品，有層層壓縮卻又能一層一層分開使用的產品，也有吸飽化妝水後呈現厚實質地的創意產品。另外，材質也跟著變得講究，不含螢光劑的、沒有漂白過的、以公平貿易的棉花製作而成的、經過有機農產品認證的……諸如此類的產品如雨後春筍般出現。過去，大多覺得外國進口或是在百貨公司購買的產品，等於擁有優良的品質，現在大可不必只把注意力放在「舶來品」上，同樣也能買到相當好用的化妝棉。

是不是覺得「反正是用一次就要丟的東西，隨便就好」呢？說不定，絕大部分的人都是這麼想的。可是，一旦體驗過好的化妝棉，便很難再回到廉價化妝棉的世界了。品質差的化妝棉，會有一種像是在刮扯皮膚的乾澀感；相反，品質好的化妝棉，卻像是在溫柔撫摸皮膚的感覺。

實際將化妝棉放大來看，以優良棉料製成的化妝棉，紋理緊密、纖細、輕柔；相反地，廉價化妝棉的紋理卻像是菜瓜布一樣，隨意交織，一眼就能看出硬邦邦的質地。因此，隨著皮膚被刮扯的壞心情，始作俑者絕對不是「心」。

每次搽化妝水時，只要一想到「其實化妝棉走過的地方，都會留下一些微細到看不見的刮痕」，那麼就算要多花一點錢，也會選擇盡量不會在皮膚留下痕跡的化妝棉了。

如此說來，只要義無反顧地購入高價化妝棉就對了嗎？絕對不是！化妝棉是消耗品，我們也只是平凡的小百姓，所以只要在適當的價格範圍內，找到不錯的產品即可；挑選沒有化學加工，並且使用有機棉花製成的化妝棉就對了！價格範圍大約在60～100個／90～150元，便是相當合宜的產品。然而，比起任何其他因素，適合自己使用的化妝棉，就是最完美的。試試各種產品，看看會不會在臉上留下痕跡、棉質富不富彈性，然後找出最適合自己的化妝棉！無論是在藥局、化妝品店、百貨公司、大型賣場等地，總會遇見那一款最適合你的化妝棉。

不用的保養品，丟掉它

絕對有一些非丟不可的廢物保養品

偶爾會在電視上看到一些「無法丟棄東西」的案例。這些人，一旦讓東西進到家裡，就再也沒有辦法將其丟棄，甚至還要蒐集別人丟棄的垃圾才滿意。「不是嘛，怎麼可能會搞到這步田地？」對此嘖嘖稱奇的我，赫然頓悟到現在根本不是該可憐別人的時候……正好就是當我坐在梳妝檯前的這一瞬間。

甚至已經記不起是何時拿到的保養品試用包，想著旅行會用到而刻意保留下來的旅行組，看到某某藝人塗抹，而千辛萬苦找回來卻是自己根本駕馭不了的顏色，結果就被擱在一邊的唇膏，一大堆從來不曾出現過空隙的各式面膜等等……事已至此，如果我帶著「垃圾保養品女」的頭銜上電視，似乎一點也不會遜色於其他案例吧？

老實說，就在不久之前，當看到梳妝檯上滿滿的化妝品、保養品，心裡還覺得很充實，有種自己變成富翁的感覺；雖然現在用不到，但是我深信將來的某一天一定會有它們的用武之地的（最終，這種事根本就不會發生）。只要發現喜歡的化妝品、保養品，就得囤積兩、三個起來放，心裡才覺得踏實，對保養品有這般執著的程度，或許已經不亞於變態跟蹤狂了吧？

了解到丟棄保養品的樂趣（？），源自於幾個契機。旅行的時候，當我自信滿滿地攤開過去一直留著要用的旅行組準備盥洗時，裡面的洗髮精、潤髮乳、沐浴乳、洗面乳，通通都散發出極度噁心的味道，而且還變成一灘讓人不想多看一眼的「臭水」。我第一次領悟到「珍而重之，結果卻變成一坨屎」。

旅行回來後，開始將過去費心費力蒐集好的保養品試用包丟掉（最近拿到的會在一星期內通通用完）。沒用過的唇彩就和護唇膏混在一起用作潤唇霜；拚命地用吹風機想要讓用了覺得很不錯的膏狀腮紅起死回生，結果不到一個星期的時間，它也同樣直接進入垃圾桶了。因為不適合自己而被擱置的唇膏，並不會因為改用於腮紅或護唇膏而突然變得適合自己吧？經歷過皮膚壞掉和一些嚇人的經驗後，現在總算領悟到一個事實：保養品，絕對不是用來囤積的。即便是再怎麼喜歡的保養品，在把它完全用完之前，目光一定還是會被其他的新品吸引，或是用著用著就發現它的缺點……因此，現在開始不會再囤積任何同款的保養品了。如果一個月內沒有計畫出遊，便會立刻把旅行組通通用光。只要好好將盛裝保養品的容器清洗乾淨，再以酒精消毒後晾乾，帶著平常使用的產品去旅行，才是真正的明智之舉。

記不起何時用過的產品、對我的臉一點效果都沒有的產品，直接、通通、唰——丟掉就對了。雖然有人說用到一半的臉部保養品可以用來搽身體，但是實際上身體保養品比臉部保養品來得油，所以請記得，無論再好的臉部保養品，搽在身上，都不會出現什麼令人滿意的成效。

找一天，像是要大掃除般打掃梳妝檯也可以，但是如果一次就把整個梳妝檯清空，會很容易就陷入「好像該購物了」的欲望當中。平時就很愛買保養品的人，可以試著玩玩「一天丟個幾樣」的遊戲，每天晚上坐在梳妝檯前，丟棄設定好的數量即可。若是保養品數量不多的人，一天丟掉一樣就好；若是囤貨程度已經到達堪稱「垃圾保養品女」的人，一天要敢地丟掉三樣才行。起初，先從丟掉三包試用品開始，接下來便是面霜、面膜、精華液等，鼓起勇氣整理梳妝檯。重感情而無法割捨的人，可以把保養品拿來搽在手、腳、手肘等部位亦可。如此一來，不出幾天，就能把梳妝檯整理得乾乾淨淨。從此，不僅能了解「丟東西」的樂趣，同時也能體悟漫無目的地購買、囤積保養品，是多麼浪費的事情，藉此改掉衝動購買保養品的習慣。

建議大家丟棄沒用完的保養品，老實說，心裡很是戰戰兢兢，我可以理解那些對此建議投以異樣眼光的人。但是，被用不到的保養品占滿的梳妝檯，跟堆滿無法丟棄又保存很久，早就變成腐壞食物的冰箱，沒什麼兩樣。終究都要進到垃圾桶的東西，不要再依依不捨了，即時丟棄才是上策。藉由自己的雙手丟掉花了大把鈔票買回來的保養品，勢必能讓自己醒悟絕對不會再犯同樣的錯了。

不如就讓給垃圾桶吧！

開封超過六個月以上的睫毛膏
　　睫毛膏的保存期限格外短暫，再加上它是擁有可能侵入眼睛裡的高風險單品，所以千萬不要使用睫毛膏超過六個月。

已經改變形態或氣味的護唇膏
　　經常開開關關的護唇膏，加上會用手指碰觸的緣故，非常容易氧化。基本上不要使用超過六個月，此外，即便還沒超過保存期限，一旦形態或氣味改變了，就得果斷丟掉。

保留很久的試用包　一拿到試用包，就在一星期內把它用掉吧！試用包裡的保養品對溫度很敏感，很容易變質。

擱置很久的功能性保養品　視黃醇、維他命等各種功能性成分，是很容易氧化的，再加上開封後三個月內使用完畢，才是能看到內含成分效果的方法。因此，用不完整瓶而被擱置許久的功能性保養品，就算再貴，也大膽地丟了吧！

洗過很多次的刷具和海綿　化妝工具就像內衣一樣，需要勤加清潔保養。不用說使用完要立刻清理了，想要盡可能減少肌膚問題，最好的方法就是經常更換。

絕不省略，抗紫外線防曬產品

雖然很煩，我還是得嘮叨一下1

製作書籍或雜誌時，經常都會和皮膚專科見面。每次採訪他們的時候，都會提出一個相同的問題：「您個人最注重皮膚保養的哪個部分呢？」他們給我的答案從來沒有變過，幾乎是一致性地答道：「當然是防曬。」

經常可以在電視上見到一位自豪於不怎麼保養皮膚，年過四十卻看起來相當童顏的皮膚科醫生。為了與她見面，特地跑了一趟醫院。一進到診療室，映入眼簾的就是衣架上掛著一頂大得嚇人的遮陽帽。她說，不管俗不俗，只要有陽光的日子，自己就一定會戴上遮陽帽和墨鏡，塗抹防曬乳就更不用說了！最令人驚訝的是，她每天早上塗抹的防曬乳用量，可以用多到嚇人來形容，其分量約有一截小指頭左右，她說要搽足這樣的分量，才能真正達到防曬的效果。當下我才驚覺，為什麼以前再怎麼努

力搽防曬乳，臉上的斑斑點點卻還是屹立不搖的真正原因。她表示，紫外線可以穿透窗戶進到室內，即便在室內，紫外線還是會對皮膚產生影響。因此，膚質較易老化的人，就算沒有外出，也務必要搽上防曬乳。不過，假如一年三百六十五天連在室內都要搽防曬乳，將會使皮膚無法吸收陽光給予的養分（尤其是維他命D），當人體缺乏維他命D，有可能會誘發癌症，所以在室內時，有時坦然接收微量的紫外線其實也無妨。

大致上，防曬乳可以區分成兩種：藉由吸收陽光的方式，分解紫外線的化學性防曬乳，以及利用反射陽光的方式，阻擋紫外線的物理性防曬乳。首先，讓我們來看看這兩種防曬乳的特徵吧！

	物理性防曬乳	化學性防曬乳
成分	二氧化鈦、氧化鋅	甲氧基肉桂酸辛酯（Ethylhexyl Methoxycinnamate、Octyl Methoxycinnamate）、水楊酸鹽類（Ethylhexyl Salicylate）、甲基水楊醇（Homomethyl Salicylate）
適用範圍	有效阻擋UVB（即引起燒燙傷或陽光過敏反應的原因）	有效阻擋UVA（即引起斑、細紋的原因）
刺激性	低刺激性，適合問題肌、敏感肌使用	具刺激性，敏感肌需避免使用
質地	難推勻，易泛白	易推勻，清爽不黏膩
效果	塗抹後立即發揮阻擋紫外線的效果	塗抹30分鐘後始產生阻擋紫外線的效果
清潔	需相當仔細地洗兩次臉	清水便能清洗乾淨
成分標示	SPF（1=15分鐘的阻擋效果）	PA（與不搽防曬乳時比較，＋：2～4倍，＋＋：4～8倍，＋＋＋：8倍以上的效果）

如上表所示，依據特徵的不同，可以將防曬產品分為兩大類，而市售的防曬產品大部分都兼具上述的兩種成分。不過，敏感肌與問題肌若是覺得化學性防曬產品的成分較為厚重，可以在塗抹完只含物理性防曬成分的產品後，再搭配使用具有防曬效果的底妝產品即可。

如果肌膚向來不是屬於較敏感的人，其實並沒有必要非得選用只含有物理性防曬成分的防曬乳，比起因為擔心會引起皮膚問題，而硬是購買不好塗抹均勻的物理性防曬產品卻不常使用，倒不如選擇塗抹起來輕透，且服貼性強的防曬乳，每天不忘使用，才是真正的明智之舉。

喝、搽……水分

雖然很煩，我還是得嘮叨一下 2

- 消除水腫
- 順暢排解毒素與老廢物質
- 具分解脂肪的效果
- 抑制飢餓
- 減少暴食的情形
- 改善肌膚問題
- 補給乾燥的皮膚
- 防止肌膚失去彈性
- 緩解便祕
- 促進血液循環

左頁所提及的內容,講述的是我們的身體在一天飲用八杯左右的水後,會產生改變的例子,除此之外,其實還能繼續舉出數之不盡的好處。水,對皮膚和健康真的很重要!原理只有一個:水能促進新陳代謝。

人體內的老廢物質,正是各種發炎症狀的原因,除了鼻炎、支氣管炎、腸炎、胃炎等,還有像是皮膚發炎而出現的痘痘以及大大小小皮膚問題,大多是因為無法順利排解老廢物質而產生或惡化。充分攝取水分,就能促進新陳代謝,順利排解老廢物質,當然就可以減少發炎的情況、消除水腫、透亮肌膚,使身體變得健康。

一般而言,一天喝八到十杯水是最正確的,然而,任何事情只要做得過火了,都會由「益」變「害」。身高較小或體重較輕的人,大約攝取六杯水左右即可;體型較大的人,大約飲用十杯左右較為適切。體質原本就較易浮腫的人,如果喝太多水,反而會成為惡化浮腫的元凶,只要慢慢喝下五杯水就好。

剩餘的水分,經由攝取蔬菜、水果來補充,會是比較適當的方式;比起過冰或過熱的水,溫水才是最好的選擇。慢條斯理地品嚐,泰然優雅的喝水方式,才是最正確的!

咖啡因為含有咖啡因,會促進水分排出,甚至曾經聽聞過喝下一杯咖啡就要趕快再喝三杯水才行的恐怖說法。不過,如果不是整天只倚賴咖啡過活的人,大可不必擔心喝咖啡而使身體缺水。話雖如此,還是得注意不要過度攝取含有咖啡因的茶、咖啡、巧克力等等。

起初,當出版社同事陷入瘋狂喝水的時期,個個都為了爭奪唯一一間廁所而眼泛殺氣,幾乎已經到了沒人有心做其他事,通通只顧著搶廁所的程度,幸好,身體很快在幾天內適應了,進出廁所的次數也跟著減少,原本將喝著沒有味道的開水視為折磨的大家也開始樂在其中,嚷嚷著我們很快就會擁有吹彈可破的水嫩肌膚了!希望正在工作的我們和正在看書的讀者們的喝水大計,都能順利成功!

無所不在的存在，護膚油

除了化妝水和護膚油之外，其他的通通不需要！

　　一邊企劃製作《生活美容》這本書，一邊撰寫內文，同時也改變了出版社的女孩們，不再像從前一樣瘋也似的對著各式化妝品、保養品發出尖叫聲。不過，如果說當中還存在著一樣會讓大家眼睛為之一亮的單品，想必就是「護膚油」了。無論是普通的護膚油，或是各種護膚精華油……沒錯！我們光是看到「護膚油」的關聯詞，仍然會豪爽地打開錢包，將它們通通收歸己有。

　　大家一起參加公司舉辦的研討會或宿營活動時，總會興致勃勃地參觀著各自的護膚油，聞聞味道、交流討論、搓一搓、摸一摸，不知不覺就過了好幾個小時。唯一可以讓素來都是「男子漢」的出版社女孩們變回「女兒身」的瞬間，正是此時。

　　事實上，可以讓出版社編輯們的梳妝檯變得簡潔的最大原因，就是護膚油，親身有過只要擁有一瓶好的護膚油，便能取代化妝水、精華液、營養霜、眼霜等各種保養品的體驗後，就會斷絕對其他保養品的興趣，一心一意專注在護膚油。雖然我們不是什麼專家，但是卻實際用過許多護膚油相關的保養品，不妨聽聽我們如此偏愛護膚油的故事吧！或許從現在開始，大家也會變得只想在極簡的梳妝檯上擺上一瓶好的護膚油也說不定；本來不想花錢的念頭，可能也會因此改變。我們真的深深愛上了，護膚油。

好奇到底該怎麼使用護膚油嗎？

Q 精油產品對皮膚好在哪裡？

精油產品的成分，要不和皮膚的脂質層構造極為類似，要不就是以相當親肌膚的植物油製成。因此，皮膚理所當然能充分吸收其中的養分，並且緊緊抓住。換句話說，天然精油的營養成分與芳香療法的機能性，皆能對皮膚產生正面的影響，以精油按摩的好處同樣也是如此。由於持續使用精油按摩，能夠改善血液循環、促進淋巴循環，所以臉部和身體自然而然就會變得越來越美麗。

Q 油性肌也可以使用護膚油嗎？

當然可以，像是表面油油亮亮，深層卻缺乏水分的油性肌，在搽完清爽的保濕凝膠或保濕面霜後，滴一滴護膚油在手掌心，均勻塗抹於臉部，便能有效防止水分流失，扮演著調和肌膚平衡的重要角色。不過，平常肌膚如果沒有特別感到乾燥，當然就沒有非得使用精油產品的必要，因為過量的油分，也是造成皮膚問題的原因之一。

Q 痘痘肌使用護膚油沒關係嗎？

與油性肌相同，與其說問題肌是油分過多，真正的原因大多是因為缺乏水分。保濕固然重要，但是由於此類肌膚較為敏感，所以在使用護膚油時，更需要格外慎重。內含具有抗菌效果的茶樹或尤加利樹精油的產品，會是相當不錯的選擇，至於基底油則可以選擇與皮膚結構相當雷同的荷荷芭油。可以將茶樹精油一一塗抹於患部；假如臉部有過半以上都有嚴重的肌膚問題，可以在肌膚保養的過程中，以化妝水浸濕化妝棉後，再滴上一滴茶樹精油，順著皮膚紋理搽抹，便能對膚況有所幫助。切記避開肌膚脆弱的眼周與嘴周。

Q 不知道應該在肌膚保養的哪個步驟擦上護膚油？

雖然護膚油供給肌膚所需營養的功效顯著，但是精油產品真正令人驚艷的當然還是其防止水分流失的能力。最適當的使用時機，盡量還是依據各品牌所建議的方法使用。如果想要直接將護膚油插入保養步驟裡使用，可以選在使用完化妝水、精華液、保濕面霜等之後，即完成自己原本的基礎保養步驟後，在進行最後一步或塗抹營養霜（或晚安面膜）之前，搽上護膚精油，這麼做才能讓皮膚長久維持水潤。

沉醉於吃吃搽搽之間，享受油

出版社編輯們的各式油類活用妙法大公開！

吃！

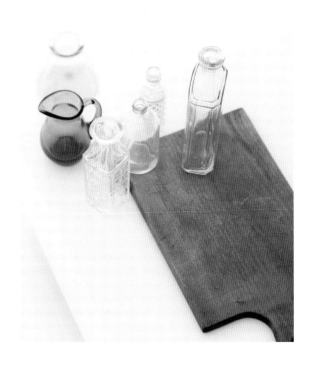

椰子油 被譽為「天然抗生素」，擁有相當出色的抗病毒、抗菌效果，持續攝取的話，還能有塑身的功效，因此聽說有很多藝人會為了身材或健康考量食用。可以選擇每天食用三至四匙在室溫下呈固態的椰子油，或者是料理用的液態食用椰子油，當然，塗抹於皮膚上也是不錯的做法。

食用精油 精油向來都被用於塗抹在肌膚或香氛，但是一聽聞市面上出現了食用精油的消息後，編輯部就決定要買來吃吃看。滴一滴精油到水中混合飲用、口臭時滴一滴精油到舌下、刷牙時滴一滴精油在牙刷上……實際使用於各種層面後，的確達到了口齒清新的功效。據說只要持續攝取，還能有排毒的效果，不過若是想要真正地排除體內毒素，當務之急還是得先改變生活習慣才對。

橄欖油 擁有豐富維他命和營養，能夠保濕並賦予肌膚彈力，還能預防各種文明病。每日空腹飲用兩匙特級初榨橄欖油（Extra Virgin Olive Oil）就能解決便祕困擾！脾胃較弱的人也可以將橄欖油和義大利香醋一起拌入沙拉中食用，同時攝取植物性脂肪和纖維，對健康益處多多。

搽！

護膚油 秋冬兩季，只要在BB霜或粉底裡混入一滴護膚油，不僅能讓妝感變得服貼，也能減少皮膚出現細紋或角質堆積的顧慮。但是，油性肌膚的人使用後可能會讓皮膚變得過度油亮，因此上述方法只適合乾性肌膚使用。

荷荷芭油（5ml）＋葡萄柚精油5滴 主要為腳部按摩時使用的精油，均勻塗抹於嚴重水腫的雙腳，由下往上按摩10分鐘左右，隔天便能感覺到雙腳有著前所未有的輕盈，連心情也像是飛在半空中般美麗。不過，葡萄柚精油具有對紫外線產生反應的感光性，所以切勿在白天使用（檸檬、佛手柑、萊姆、柑橘精油等亦同）。

荷荷芭油＆堅果油＆食用橄欖油 均勻塗抹於乾燥的髮尾，接著於枕頭鋪上一條毛巾後躺下睡覺，雖然不會讓頭髮出現戲劇化的柔順感，但只要能持續使用，就能讓頭髮散發光澤、產生彈性。

享受！

薄荷精油＆尤加利精油 壓力席捲而來，一把火衝上腦門時，利用像是荷荷芭油之類的基礎油少量，混合薄荷或尤加利等散發清爽涼感的精油，按摩頭皮，再用力按一按太陽穴，不僅頭皮變得沁涼，壓力也瞬間消失得無影無蹤。

沐浴精油 進行半身浴或足浴時，滴入10～15滴精油至水中，藉由水蒸氣吸進體內，便能同時擁有芳香療法的功效。想要助眠時，選擇薰衣草精油；水腫情形嚴重時，選擇天竺葵精油；頭痛時，選擇薄荷精油。

擴香精油 超簡單的擴香方法營造香氣四溢的空間。將消毒用的酒精和自己喜歡的精油以9：1或8：2的比例混合後，用保鮮膜將盛裝容器的瓶口封住，接著插進3～4根木籤，便完成了能夠有效蓋過家中各種異味的擴香。

清潔溜溜，弱酸性洗面乳

事實上，要格外提防會把皮膚洗得嘎吱嘎吱的清潔力

選擇洗面乳的時候，首要考慮的當然是產品的清潔力，但是洗起來嘎吱嘎吱的感覺和蓬鬆綿密的大量泡泡，卻是我們必須提高警覺的部分。為什麼為了保持完美的肌膚狀態，就要遠離清爽無比的高清潔力產品呢？健康肌膚的油水均衡比例為3：7，並且維持在pH4.4～5.5的弱酸狀態，如此才能有效阻擋細菌滲透，以及促使老廢角質自然脫落。皮膚的pH值，是從皮脂與汗腺分泌而出的乳酸與胺基酸等物質混合而成的酸性薄膜所決定，像是乾燥肌、敏感肌、保護膜破裂的問題肌、異位性皮膚炎患者等，其肌膚酸鹼值都是呈鹼性。讓洗面乳產生綿密泡沫的界面活性劑則是pH9的強鹼物質；如果是健康的皮膚，可以在洗完臉之後，立刻將因洗面乳而暫時改變成鹼性的肌膚酸鹼值恢復正常，但如果是敏感肌或乾燥肌，皮膚便會出現乾燥的感覺，甚至還有可能因此受到刺激。

因此，推薦大家使用添加較少界面活性劑或索性選擇無皂的洗面產品，當然了，不用顧慮清潔力的問題，一旦鹼性洗面乳擁有太強的清潔力，可是會將肌膚必須的油分和水分通通洗掉的。弱酸性的洗面乳只會清潔掉老廢物質和殘妝，而在肌膚上留下適量的油、水。如果是平時較常化濃妝的人，可以先用卸妝乳或卸妝油進行第一輪的洗臉。由於弱酸性洗面乳不會洗掉肌膚的水分和油分，在洗完臉之後，皮膚會感到相當舒服和滋潤。肌膚不再乾燥後，就不用進行繁複的保養步驟了，豈不正是弱酸性洗面乳的最大優點嗎？

徹底清潔 1：刷牙
最近的牙膏很嚇人

為了嘴巴內的健康著想，每天都會把牙齒的每一個角落用力刷上三到四次，但是真正的問題卻出在我們所使用的牙膏！近來，牙膏內含的有害物質已經成為大家爭相探討的話題，因為聽說大部分市售的牙膏都含有會誘發擾亂內分泌系統導致男性發育不全、女性過分早熟的物質——防腐劑（Paraben）。就連搽在手上的護手霜或身體乳液，都盡可能選用天然有機的產品了，更何況是用來清潔牙齒的東西。有時還會不小心微微溜進喉嚨裡的牙膏，結果它居然這麼不安全，聽了真的讓人覺得很驚恐！

專家透過媒體表示，牙膏裡只含了非常微量的防腐劑成分，而且也會隨著刷牙後的漱口動作排出，因此對人體的傷害反而還比保養品少。但是，就算相信專家講的這一番話，心理上想要重回以前對牙膏的信任，還是會覺得很害怕。尤其因為現在出了一大堆問題的防腐劑、三氯沙（Triclosan）成分，即便只是極少的分量，都會對小孩子產生嚴重的影響，對家裡有孩子的父母而言，除了不安，還是不安。以丹麥為例，即便只有一點點防腐劑成分，也絕對禁止使用於未滿三歲的嬰幼兒用品；另外，歐洲各國也從2015下半年開始，除了相對較安全的對羥基苯甲酸乙酯（Ethyl Paraben）和對羥基苯甲酸甲酯（Methyl Paraben）之外，已經全面禁止將防腐劑類成分添加於保養品、牙膏、醫藥用品裡了。反觀韓國，比起一味宣傳此類成分不具危險性，要大家安心使用，準備好因應對策，才是解決問題的根本之道。

想刷個健健康康的牙？

不要在口腔中留下牙膏殘留物 隨著大家越來越在意防腐劑的危險，現在想要找到不含防腐劑的牙膏產品其實很簡單，因為牙膏公司也相當積極地宣傳無防腐劑牙膏。不過，即便是聲稱不含防腐劑的牙膏產品，似乎也沒有辦法讓人完全放心。大家現在都把注意力集中在將牙膏視作與肥皂、洗髮精、洗面乳等以清潔為優先訴求的產品，可是相較於肥皂、洗髮精等，想要徹底清除殘留物，只要用水多沖幾次即可，而牙膏卻是在刷完牙之後，咕嚕咕嚕漱個幾次口就結束了，也因此牙膏的殘留物理所當然會留在口中。雖然留一些牙膏的成分在嘴巴裡，會因為其特有的薄荷香氣而暫時感到清新舒爽，但是讓界面活性劑等成分留在口中，反而會成為誘發口臭、蛀牙、牙菌斑等等口腔問題的原因。比起刷盡嘴裡的邊邊角角，更重要的是，在漱完口之後再以濕潤的牙刷輕輕刷一刷口腔內部，接著多漱幾次口，直到嘴裡幾乎感覺不到牙膏的味道為止。試著將刷牙習慣換成上述方法做做看，便能感受到口腔乾燥或口臭問題得到改善。

不要拿牙膏沾水 大家都是怎麼刷牙的呢？如果是屬於先將牙膏擠在牙刷上，然後沾沾水後開始刷牙，可能要從現在開始換個方法！原因在於用以維持牙齒美白與光澤的「拋光劑」。拋光劑一旦碰到水，就會因為被稀釋，很快就隨著水沖掉了，原本所期待的效果也會就此減半！試著改變一下刷牙的方法吧！先將牙刷微微沾濕，接著再擠上牙膏刷牙，或者是先漱漱口，接著利用沒有沾過水的牙刷和牙膏刷牙。

徹底清潔2：洗澡

仰賴沐浴刷的好處

　　洗臉和洗澡沒有什麼特別的方法，使用弱酸性的清潔產品溫柔地清洗身體，接著再以不過冷也不過熱的淨水沖洗，依據肌膚的乾燥程度，塗抹適合的保濕產品即可。不過，如果可以在洗澡之前多加一個步驟，就能讓肌膚出現驚人的變化，變得柔嫩無比。祕訣就是：乾搓澡。

　　很簡單，洗澡前裸體站在浴室時，先用身體搓澡專用的刷子，搓搓全身上下即可。由下朝著心臟的方向刷洗身體，不僅皮膚會變得嬌嫩，同時還有助於血液循環和淋巴循環，對身體健康好處多多。乾搓澡可是讓個個女人夢寐以求以身材聞名的米蘭達‧可兒（Miranda May Kerr）所提供的保養祕訣，相信一次，並跟著做做看，勢必能得到很好的效果！

搓澡須知

排解毒素　我們體內的淋巴交會之處，便是扮演著聚集身體毒素與老廢物質的場所，身體必須讓集聚於此處的老廢物質順利移往能夠將它們排出體外的膀胱、大腸、皮膚等器官，因此，萬一淋巴液循環不良，便無法及時排除體內毒素與老廢物質。替身體搓澡，就能有效刺激淋巴腺，促進循環。

促進血液循環　下肢靜脈曲張、下半身與臉部浮腫、疲勞無力等，都是血液循環不良造成的症狀。光是藉由簡單的搓刷身體，便可以讓身體變得暖和，肌膚也會變得有光澤。

去除橘皮組織　血液和淋巴液一旦循環不良，毒素就會堆積在脂肪細胞內，讓身體組織硬化。橘皮組織，正是硬化的組織以凹凸不平的形態出現在皮膚層。透過搓澡促進淋巴和血液循環，自然就能減少橘皮組織嘍！

去除角質　搓澡能夠去除角質與堵塞毛孔的老廢物質，除此之外，還能刺激汗腺與皮脂腺，進而添增肌膚活力，讓人擁有一身柔嫩美肌。

※注意　沐浴刷使用完畢後，一定要將水分徹底甩盡，保持完全乾燥才能有效抑制細菌滋生和增加使用壽命。請記得選擇用天然毛或木頭製成的產品，因為以合成纖維製成的沐浴刷會對肌膚造成太強烈的刺激，一定要特別留意才行。

徹底清潔3：洗頭髮

只要正確了解洗髮精的使用方法，就能改變髮量！

　　雖然我們出版社是只由女性組成的團體，可是很神奇的是，團體內的絕大多數都有著掉髮的困擾，即便情況沒有嚴重到必須跑醫院求救，但是每當洗頭的時候，看到留在手指縫間的頭髮比別人多，或是頭髮分線處的頭皮看起來格外光亮、顯眼，心裡總是覺得很在意，因而對局部假髮片或能讓頭髮看來蓬鬆的捲髮用具都有極大的興趣。

　　無論是像編輯們一樣擁有後天髮量減少問題的人，或是根本沒有什麼壓力、遺傳等問題卻每每在洗頭時就出現排水孔堵塞的人，希望大家都能試著改變一下自己洗頭的方法。作為女性掉髮代表的出版社掉髮編輯三人幫，將為大家講述誓死守護自己頭髮的方法。

三位編輯預防掉髮的洗頭方法

編輯K「晚上洗頭」

個人屬於每天早上都要吹頭髮才行的髮質,所以基本上都是在早上洗頭。然而,經過一整天在外奔波後,附著於頭髮上的灰塵和汙染物質,據說會因此在晚間阻塞頭皮,造成頭皮問題及掉髮。後來,即便再麻煩,我也開始改成晚上洗頭。完成以仔細清洗頭皮為主的洗髮步驟後,用不過熱的風慢慢吹乾頭髮,接著就大功告成,上床睡覺!隔天早上再以噴霧瓶朝頭髮噴一噴水後吹乾,或是將減半分量的洗髮精裝入噴瓶內,以此來洗髮,光是藉由這個方法,便能感受到掉髮數量明顯減少許多,真的!

編輯P「仔細考慮洗髮精成分」

擁有長鬈髮的我,向來都覺得洗髮精的香氣和洗髮後能讓頭髮散發出光澤是相當重要的事情。但是,所謂可以讓頭髮變得柔順的洗髮精,若是只能讓頭髮擁有閃亮光澤,卻無法徹底洗淨的話,表示該產品含有會阻塞毛孔而導致掉髮問題的成分——矽靈(Silicon)。因此我開始選用不含矽靈的洗髮精,而使用心得就是:頭髮變得非常硬。起初還因為頭髮變得很會打結,掉了一些頭髮,但是經過一個禮拜左右,硬邦邦的感覺就消失了,用起來也變得很順手。現在幫頭髮補充營養的方法主要是搭配護髮或潤髮產品。洗髮精,一定要使用有助於頭皮健康的產品才行。

編輯C「洗頭時搭配指壓和刷洗」

老是覺得頭皮會聚熱,加上血液循環不好,成了我的掉髮原因,所以我便在洗髮的時候,相當仔細地按摩頭皮。洗頭髮之前,先緩緩按壓耳後和頸部,接著低頭用塑膠梳從後腦勺往額前梳頭髮。不要直接把洗髮精塗抹在頭皮上也是很重要的關鍵!將一半分量的洗髮精裝進噴瓶內,用手攪拌使其產生充分泡沫後,再塗抹於後方頭髮;接著再將另一半分量的洗髮精倒入手中搓至起泡,用以塗抹於劉海與兩側頭髮,最後利用手指輕輕按摩頭皮。此時,如果搭配洗頭刷一起把頭皮的每一個角落通通刷洗乾淨,效果將會更加顯著!

沖洗頭髮的時候,記得不要用太熱的水。如果是油性頭皮的人,最好可以按照上述步驟洗兩次;另外,此方法尤其推薦給一受到壓力頭皮就會變紅,頭頂彷彿下一秒就會冒出煙的「血氣旺盛掉髮族」使用。塑膠梳可以在各大化妝品店、大型賣場、十元商店等地方,以相當低廉的價格買到喔!

熱門話題:魚腥草增髮膜使用後記

榮登韓國掉髮族熱門話題主角——魚腥草增髮膜!出版社同事親自動手製作並使用過了。把在祭基洞[2] 藥材市場買回來的魚腥草、綠茶、紫蘇葉,以2:1:1的比例浸在30度的燒酒裡,靜置三個月待其發酵(為了讓大家都能輕鬆自製魚腥草增髮膜,中藥房已經把需要的材料裝好,以包裝形態販售了)。經過三個月後,古銅色的濃縮液便大功告成,接下來就是每天晚上鍥而不捨地搽在頭上了。使用心得:比想像中清爽許多,甚至還有沁涼的感覺,很不錯!

效果呢?四個人當中有三個人表示,頭髮明顯掉得比較少,剩下的那一個人則說自己不覺得有什麼功效。在出版社編輯們之中,有高達75%比例的人感受到增髮膜的功效,但是專家們的建議卻是認為這個方法並沒有經過醫學驗證,所以還是有風險存在的可能性。如果是有嚴重掉髮困擾的人,比起依賴這種民俗療法,直接到專科醫院求診或許才是正確的解決方法。站在預防掉髮的立場做一些嘗試當然很好,但是可千萬不要抱有太高的期待!以上是編輯部得出的結論。

2 譯註:首爾著名的藥材市場,販賣各式各樣的中藥。

廉價保養品，不可忽視
廉價，效果卻不「廉價」的真相！

　　大部分的人都有的迷思之一：深信保養品越貴，效果越好。簡單來說，就是有很多人都把廉價保養品視為低價劣質貨，對其視而不見。然而，絕對不是如此，只要願意花點時間到處看看，一定能夠遇見讓人稱讚到口水都乾掉的摯愛保養品的。要不要偷偷告訴你呢？接下來為大家介紹幾樣會讓人想要立刻狂奔去買的「實力派」保養品。

意想不到的驚喜小禮
等著你！

只要在回函卡背面留下正確的姓名、
E-mail和聯絡地址，並寄回大田出版社，
就有機會得到意想不到的驚喜小禮！
得獎名單每雙月10日，
將公布於大田出版粉絲專頁、
「編輯病」部落格，
請密切注意！

編輯病部落格

大田出版

大田出版 讀者回函

姓　　名：＿＿＿＿＿＿＿＿＿＿＿＿＿＿＿＿＿＿＿＿＿＿＿＿

性　　別：□男 □女

生　　日：西元＿＿＿＿年＿＿＿＿月＿＿＿＿日

聯絡電話：＿＿＿＿＿＿＿＿＿＿＿＿＿＿＿＿＿＿＿＿＿＿＿＿

E-mail：＿＿＿＿＿＿＿＿＿＿＿＿＿＿＿＿＿＿＿＿＿＿＿＿

聯絡地址：＿＿＿＿＿＿＿＿＿＿＿＿＿＿＿＿＿＿＿＿＿＿＿＿

＿＿＿＿＿＿＿＿＿＿＿＿＿＿＿＿＿＿＿＿＿＿＿＿＿＿＿＿＿＿

教育程度：□國小 □國中 □高中職 □五專 □大專院校 □大學 □碩士 □博士

職　　業：□學生 □軍公教 □服務業 □金融業 □傳播業 □製造業

　　　　　□自由業 □農漁牧 □家管□退休 □業務 □ SOHO 族

　　　　　□其他 ＿＿＿＿＿＿＿＿＿＿＿＿＿＿＿＿＿＿＿＿＿

本書書名：＿＿＿＿＿＿＿＿＿＿＿＿＿＿＿＿＿＿＿＿＿＿＿

你從哪裡得知本書消息？

　　□實體書店 ＿＿＿＿＿＿＿ □網路書店 ＿＿＿＿＿＿＿ □大田 FB 粉絲專頁

　　□大田電子報 或編輯病部落格 □朋友推薦 □雜誌 □報紙 □喜歡的作家推薦

當初是被本書的什麼部分吸引？

　　□價格便宜 □內容 □喜歡本書作者 □贈品 □包裝 □設計 □文案

　　□其他 ＿＿＿＿＿＿＿＿＿＿＿＿＿＿＿＿＿＿＿＿＿＿＿＿

閱讀嗜好或興趣

　　□文學 / 小說 □社科 / 史哲 □健康 / 醫療 □科普 □自然 □寵物 □旅遊

　　□生活 / 娛樂 □心理 / 勵志 □宗教 / 命理 □設計 / 生活雜藝 □財經 / 商管

　　□語言 / 學習 □親子 / 童書 □圖文 / 插畫 □兩性 / 情慾

　　□其他 ＿＿＿＿＿＿＿＿＿＿＿＿＿＿＿＿＿＿＿＿＿＿＿＿

請寫下對本書的建議：

Drugstore

凡士林　除了極度容易敏感到經常出現皮膚問題的人之外，大家一點都不用害怕凡士林，如果說止血、治療傷口、燙傷、瘀青、起疹子、乾癬等等，是凡士林的主要功能，那麼護唇膏、身體保濕劑，大概就是它的附加功能了。除此之外，還有隱藏版的特殊功能！化眼妝的時候，萬一睫毛膏或眼線暈開，可以用棉花棒沾取凡士林，塗抹於暈開處，就能擦得乾乾淨淨；化底妝的時候，萬一發現臉上有角質堆積，只要在堆積角質的地方抹上一點點凡士林，一切便又恢復正常；在指緣塗抹凡士林，經過五分鐘後再去死皮，就會發現不僅死皮去得很輕鬆，指緣甚至還會散發閃閃發亮的光澤；肌膚相當乾燥時，也能用來當作按摩霜，而且按摩後再洗臉，立刻會發現皮膚水嫩、有彈力得讓人心情愉悅！

大罐保濕產品　照片裡的CeraVe乳霜或是Cetaphil乳霜等產品，其特徵是不僅分量多，價格也在台幣300元左右而已，而且還不添加人工香料，保濕功能更是綽綽有餘。由於分量很多，如果只用來抹臉，大概要花上兩至三年才能用完。就算大把大把地塗上臉，用作保養工作的最後一步，加上洗完澡後大把大把地塗抹全身上下，放膽用上幾個月可能都還有剩。秋、冬兩季，梳妝檯上真的「只要」放上一罐具有保濕功能的大罐保濕產品，不知為何，總覺得它壓倒性勝利的「噸位」已經足以安定人心。能夠長久保持零細紋的滋潤度，加上低廉的價格，自然而然成為令人信賴的單品。

蘆薈凝膠　只含蘆薈的蘆薈凝膠。各大化妝品牌都賣著這項不到台幣250元的產品，讓所有人都讚不絕口。取出些許蘆薈凝膠，接著再滴上5滴左右的護膚油，於手中均勻混合後，就會變成不透明的白色質地，試著將它用於塗抹面霜前一步，或直接當作面霜使用，都能得到很好的保濕效果。另外，也可以將蘆薈凝膠厚敷在燙傷或長痘痘的地方，就能看到其過人的鎮定效果。先抹上一層蘆薈凝膠後再敷上面膜，皮膚會變得格外水潤。不過，如果是乾性肌膚的人，光用蘆薈凝膠可是會產生細紋的，所以搭配保濕霜或護膚油一起使用，效果才會好喔！

木瓜霜（Papaw Ointment，又名萬用霜）　澳洲十分有名的木瓜霜。類似的產品還有含蜂蜜成分的埃及神奇乳霜（Egyptian Magic Cream）和伊莉莎白雅頓8小時潤澤霜（Elizabeth Arden Eight Hour Cream Skin Protectant）。這些產品的價位都不高，還具有只要入手就可以用很久的共通點。主打黏稠質地和豐富營養的它們，絕對是能從秋天用到隔年春天的超實用單品。進行夜間保養工作的最後一步時，可以將上述產品混合護膚油使用，在肌膚上形成一層薄膜，隔天醒來就能見到光澤動人的肌膚。也可以塗抹在破皮流血或瘀青處，鎮定傷口的效果相當不錯。被小蟲子咬到、皮膚出現狀況、皮膚癢……在任何狀況下都能發揮讓人眼睛為之一亮的效果。

大罐化妝水　化妝水就是越多、越便宜、越沒有雜七雜八功能，越好！只要擁有大罐化妝水和化妝棉，成為「美肌美人」只是早晚的問題罷了。平常抹化妝水的時候，以徹底被化妝水浸濕的化妝棉，充分潤澤臉部肌膚；皮膚發熱、疲倦、出現問題時，不要吝嗇！盡可能把化妝水嘩啦嘩啦倒在臉上，就像在敷小黃瓜面膜一樣，擺得越多越密，越能達到鎮定的效果，並且讓皮膚吸收飽飽的水分！將無酒精、擁有水一般清澈質地的化妝水裝進噴瓶內，取代保濕噴霧，也是很不賴的做法喔！

平價面膜也無妨

不，越平價越好！

就算講了一百次不要囤積保養品，但是總覺得身邊應該要握有十片以上的面膜心裡才踏實，每當面膜用到快見底的時候，不免心急如焚到雙腳不停顫抖。會這麼常用面膜，原因在相較於它的價格，卻有著相對驚豔的保養效果。

如果是現在沒有任何關於皮膚困擾的健康、潔淨肌膚，其實並沒有必要經常敷面膜（這種人應該也不會看這本書了吧……）。但是，皮膚過於乾燥或油膩，受困於肌膚問題而臉色暗沉……相信面膜將會是能解決大部分皮膚困擾的極佳方案。

用過在藥局、化妝品店、電視購物、網路購物、百貨公司等地販賣的過半面膜種類後，得到的結論是：越高價的面膜，就算服貼程度或使用起來的感覺都很好，可是真正會回購的往往都是價位落在20～70元左右的面膜。當天有重要約會的早上，萬一皮膚很暗沉或膚況差於平時，就會拿出事先放在冰箱保管的面膜敷上，躺下來聽著喜歡的音樂，進行20分鐘左右的療癒時間。拿下面膜時，即便只是暫時性的，也會覺得肌膚變得格外透亮吧！即便有人說敷完面膜後，搭上精華液隨即入睡就好，但是就我個人而言，還是比較建議拿出化妝棉，沾一些化妝水，把面膜的殘留物擦乾淨。雖然很主觀，但是我的確有過覺得黏膩不舒服的感覺，以及肌膚因此出狀況的親身經驗（不過用貴面膜時，一定要一滴不差地把它全部吸進皮膚裡才行）。

弄懂面膜，再使用

不要被昂貴產品的宣傳口號騙了　對那些寫在面膜包裝上的美白、肌膚問題改善、撫平皺紋等等宣傳口號視而不見吧！不要再被什麼「所有的營養都裝進一瓶精華液」，什麼「高濃縮精華液能夠滲透肌膚」諸如此類的詞句所蠱惑了。我不知道高價的面膜是什麼情況，但是就一般而言，我們期待從面膜得到的功能僅僅只有「保濕」而已！

冰進冰箱，想到就用　冷藏保管的面膜可以快速供給肌膚表面水分，降低肌膚的溫度，並且鎮定敏感的肌膚。光是上述這幾點，便已經稱得上是維持好膚質的最關鍵要素了。為什麼這麼說呢？因為所有的肌膚問題，都是源於缺乏水分。肌膚一旦乾燥，肌膚內的膠原蛋白就無法合成，不僅彈力就此下降，也會受到紫外線等外在因素影響而輕易產生細紋。因此，只要能利用面膜有效控制肌膚的乾燥程度，便能讓膚質維持在中上水準。

躺平敷面膜　想要在此強調的一點是，敷面膜的時候記得躺平。雖然面膜輕輕薄薄一片，卻會讓皮膚必須出力支撐。無論是坐著敷面膜或敷著面膜走來走去，都會拉垮皮膚，所以盡可能用最舒服的姿勢躺平，好好享受一番吧！

洗完臉後什麼都不搽……無法想像！像是有人捏緊自己臉般的乾燥緊繃感和擔心角質堆積……什麼都不搽？根本想都不敢想。不過，隨著保養品數量漸減，隨著將擁有各式效果的功能性保養品換成純保濕的產品後，出現了一個念頭：保養品數量減著減著，最後好像什麼都不搽，皮膚也可以過得很自在吧！

出版社編輯們試過斷食好幾次，為減肥、為排毒，或是只為了改變自己的飲食習慣。絕大部分都是失敗收場，不過其中偶爾也會出現斷食一個禮拜以上的成功案例，而成功的原因很簡單，前三天就算難受得生不如死，也要猛刺大腿、咬牙苦撐，接下來的日子就會過得聽起來像騙人一樣，不會有任何想吃東西的念頭，也不會有任何飢餓的感覺。

讓皮膚放一場美妙的假期和斷食一樣，一開始的時候先設定一星期為限比較好。雖然有人光是實施一天「保養品斷食」就能感受到效果，但是大部分的人還是得經過幾天的適應期，才能發現膚況漸漸穩定下來。

皮膚休假的前一晚，洗臉後先用化妝水安撫一下皮膚，再輕輕拍上質地清爽的精華液（Serum）或不含油脂的面霜，然後就可以睡覺了。隔天早上，用清水洗臉，正式宣告皮膚的假期開始了！洗完臉後用毛巾稍微拭去水珠，輕輕拍打一下殘餘在臉上的水分後，保養工作便到此結束。但是，切記一定要比平常喝更多的水，千萬不要讓皮膚的乾燥情況變得太嚴重。早晚各洗一次臉，以溫水潑洗臉部三十次左右。

起初，皮膚會有很強烈的緊繃感和不適，快的話大概半天左右，慢的話也差不多一、兩天內就能感覺到原本的緊繃逐漸轉變成水嫩細緻的皮膚。如果是出油情況嚴重的閃亮發光油性肌，可以在晚上洗完臉後，以化妝棉沾水，順著肌膚的紋理擦拭，稍微控制過度的油脂分泌。

結束了無論是一天還是一週的皮膚假期後，比起立刻重回原本的保養步驟，或許適應一下使用最少數量的保養品來保養，會是比較好的做法。習慣了保養品而失去自生能力的皮膚，很容易因為一些輕微的外在刺激而崩解，恢復能力自然而然也會變得緩慢。如果肌膚可以健康得不用借助保養品的力量，也懂得自我調節平衡，勢必就能成為長久保護好自己的堅固堡壘。

今天是皮膚的休假日

偶爾在某些日子，什麼也別搽

皮膚休假日須知

多喝乾淨純水
多多攝取水果和蔬菜
避免吸菸或喝酒
在情況惡劣到再也忍不下去之前，放膽擱置皮膚

1 Bobbi Brown晶鑽桂馥舒緩霜　對健康皮膚有一套自己哲學的芭比‧波朗女士所推薦的單品，其過人之處當然不只厲害的保濕力，想要呈現水光肌，靠它效果也很明顯。雖然有些意見認為這種膏狀質地用起來不太方便，但是可以利用刮棒輕輕刮起放在手掌搓勻，接著便可以將融化的舒緩霜用來作為保養的最後一步，或是在化妝的最後一個步驟時，輕薄地按壓於額頭、臉頰、下巴等臉部中心，如此一來就能讓皮膚長時間維持在穩定的狀態。Bobbi Brown的晶鑽桂馥保濕護膚油或茉莉沁透淨妝油也是值得推薦的單品之一。

2 Aesop香芹籽系列　第一眼就憑著值得信賴的外形奪走編輯們的心，接著又靠著誘人的精油香氣，成為讓大家存款頻頻見底的元凶。因為瓶子的形狀很美而成為近來炫耀照片必需品的Aesop，是來自澳洲墨爾本的品牌。除了品牌的精神深得人心之外，漂亮的瓶子裡所盛裝的內容物更是對皮膚好得不得了。第一次使用主打抗氧化香芹籽（Parsley Seed）系列的精華液時，雖然質地偏稠，卻吸收得很快；至於化妝水則是從頭到腳令人滿意至極！不提其他，光是一打開就撲鼻而來令人心情愉悅的香草味道，想必短期內編輯們對香芹籽系列的愛還會持續延燒下去。

3 Philosophy護膚產品　由美國美容專家研發製作的品牌。一開始只有生產專家們自己用的保養品，後來決定挑選出能讓一般女性和專家們都可以使用的產品，開創了Philosophy。無論是純淨、不刺激的purity洗面乳，以及保濕力十足的hope in a jar保濕凝霜等系列，從基礎保養單品到抗衰老的功能性奇蹟再現抗老系列等，幾乎所有的保養產品都獲得一致好評。幾年前還得靠國外直購才能買到，現在只要到百貨公司就可以輕鬆入手，幸福多了。

4 Fresh紅茶瞬效修護面膜　品牌概念標榜從糖、牛奶、豆類、米等天然原料當中萃取出來的成分，能夠治癒皮膚。大部分的產品都用得很滿意，其中又以紅茶瞬效修護面膜有著令人成癮的致命魅力。將這款擁有濃稠、軟綿質地的產品薄薄敷上臉時，一股暖呼呼的溫度，伴隨著臉部像是在收縮似的感覺襲來。一個禮拜使用三到四次的話，被壓力壓得疲憊不堪而鬆垮垮的臉部肌膚，很快就會重現煥然一新的朝氣。

5 Aveda頭髮＆身體產品　雖然最近都靠國外直購用低廉的價格買到外國的有機洗髮產品，但是每次到國外出差時，總會不由自主在免稅店購買的東西，正是Aveda的大罐洗髮精。Aveda這個品牌，因為主張用料天然，總是讓很多人產生錯覺，其實Aveda並不是只使用有機的天然原料（當然也沒有用什麼劣質原料）。但是，實際用Aveda的頭髮＆身體產品沐浴，絕對能讓心情快樂得不得了！所以我們才這麼喜歡Aveda。

6 John Masters Organics頭髮＆身體產品　使用有機植物製成的天然原料，舉凡防腐劑、矽靈、界面活性劑等成分，通通改用天然成分代替。是一個以使用真正優良原料製成產品而自豪的品牌。雖然主打洗髮精和身體產品，但是其護膚油、精華液、洗面乳等臉部保養品的功效也都很好。簡易攜帶產品組同樣深得人心，貪小便宜如我要在此向大家介紹優惠了！實體店面和藥局經常都會舉辦打折活動，如果不是急需要用，可以等到活動期間再購買，就能得到令人滿意的優惠價囉！

即便如此，
也不能放棄保養品1
去免稅店＆百貨公司時，
適合購入的產品

1 Avene舒護活泉水噴霧　使用法國溫泉水製成的Avene產品。百分之百只含溫泉水的這款噴霧，不愧為熱門暢銷商品。如果想要隨身攜帶這種只含溫泉水的噴霧，隨時隨地噴一下，我們可是極力不推薦喔！因為這類產品中不含任何甘油或其他油脂類，因此隨著水分蒸發，皮膚只會變得更加乾燥；但是，如果是在洗完臉時、膚況敏感時、受到紫外線等外來刺激時，噴一噴，便能得到降溫、鎮定的效果。與Avene有著類似概念的VICHY、LA ROCHE-POSAY等品牌，同樣有推出溫泉水噴霧，會特別推薦Avene純粹因為它經常打折。

2 埃及神奇乳霜　以被歐普拉選用的保濕產品而聲名大噪的埃及神奇乳霜。完全不含任何化學成分和水，使用蜂蜜作為主要原料的黏稠膏狀質地其特徵。利用刮棒刮取少量搽於臉部、頸部、膝蓋、手肘、頭髮等需要保濕的部位，隔天便能感受到皮膚的乾燥處變得滋潤。由於質地密度高、營養豐富，夏天使用時要特別注意，作為夜間保養比較適當。

3 Innisfree減敏保濕乳霜　將對皮膚不好的成分降到最低，僅使用單純原料的保濕乳霜，讓敏感肌也能放心使用。因為是擠壓式的軟管狀產品，不用擔心衛生問題這點也很讓人喜歡；再加上不含防腐劑，保存期限很短，也是其優點之一。當初在皮膚莫名其妙變得一團糟時，才買來救急使用的，雖然沒有出現什麼戲劇化的效果，但是皮膚也因此不再出現其他問題了，非常感謝它！

4 Physiogel層脂質調理霜　以前為了患有異位性皮膚炎的孩子跑醫院時拿到的處方品牌，Physiogel。符合「只要做好保濕就能擁有完美膚質」的品牌概念，全心投入保濕產品是Physiogel的一大特徵。使用完化妝水後，只要再搽上層脂質調理霜便覺得心裡很踏實。

5 Dr. Bronner's Magic Soap　引領液態皂風潮的品牌，Dr. Bronner's 。Magic Soap得到各家有機農產業的認證，是可以用來洗臉、洗澡、洗頭、刷牙等各種清潔用途的多功能清潔劑。但是，希望大家還是拿來洗臉和洗澡就好，如果用來刷牙，可是會不知為何降低食慾的。另外，此產品也因為芭比・波朗女士的使用而聞名。清潔力很好，洗完之後覺得很清爽，肌膚也不會很緊繃，相當令人滿意。

6 Thayers化妝水　豪爽大方的分量讓人不得不愛上它的化妝水。含有能夠鎮定皮膚、收斂毛孔的金縷梅成分。固然擁有保濕力，但是卻不具有任何其他功能，不過化妝水應該要做到的，它絲毫不差，所以絕對是滿意度極高的產品。浸濕化妝棉後，輕拍臉部，皮膚就會變得非常透亮。

即便如此，
也不能放棄保養品2
去實體商店＆藥局時，
必須要留心的產品

即便如此，也不能放棄保養品3
國外直購、出國旅遊時，推薦購買的單品

1 Marvis牙膏　被譽為「牙膏界CHANEL」的義大利名牌牙膏。起初就對佛羅倫斯堅持採用傳統方式製作而成的Marvis牙膏組一見鍾情，沒想到使用之後，細緻的觸感和濃郁的香氣，讓我又再一次愛上它。除了牙膏應有的清潔力驚人，加上不含任何刺激性成分，刷完牙後總能維持長時間好心情。在韓國以代購買的話，價格幾乎是直購的三倍，所以選擇在旅行時大量購入或是國外直購，會是比較實惠的做法。

2 Lucas Papaw軟膏　一提起「澳洲的虎標萬金油」，大概非Papaw軟膏（或霜）莫屬了。利用木瓜製作而成，百分之百全天然成分的軟膏，完全不含任何有害物質，因此無論是小朋友或是擁有敏感肌的大人，一律可以安心使用。燙傷、破皮流血、乾燥、被昆蟲叮咬、肌膚問題等等，所有與肌膚有關的困擾，通通都可以塗抹。由於對皮膚的保護力與抗菌能力，能夠有效防止傷口感染。相當濃稠的質地，非常適合在秋、冬兩季使用。

3 Sibu beauty沙棘油　自從六年前踏入直購保養品和健康食品的網站iHerb（www.iherb.com）後，堪稱散盡家財，不過現在只會偶爾買買「真正」需要的產品，而會在這裡定期購買的幾樣東西中，永遠少不了的正是沙棘油！萃取自擁有豐富維他命營養的沙棘籽，製作而成的沙棘油，親自買過十瓶以上的使用結果是，膚質真的變得比較平整，小狀況或紫外線造成的色素沉澱問題也都解決了；此外，還具有穩定皮膚的功效。如果可以受得了青草味和全臉變成亮橘色，絕對極力推薦！

4 Boots No.7系列　英國著名的藥局品牌Boots。販售各式美容美體品牌產品的商店，同時也擁有自家保養品品牌。No.7系列的抗老產品深受當地人與觀光客喜愛，當中又以Protect & Perfect Beauty Serum反應最為熱烈，因為經由實驗證明，其改善皺紋的效果相當驚人。雖然是英國品牌，不過透過美國直購也能有低廉的價格。

5 Lily of the desert蘆薈凝膠　獲得USDA有機農業認證，內含99%蘆薈的保濕凝膠。只要將冷藏保管的這項產品塗抹於曬得發紅、發炎、出現各種狀況的皮膚上，很快就能鎮定皮膚，價格也在台幣300元以內，相當便宜。

6 CeraVe保濕乳霜　不久前才進口到韓國的CeraVe。以前就算要經過麻煩的直購方式，也願意持續使用這款乳霜的原因，在於它的溫和與強大保濕力，而成為必備保養品之一，再加上還是由美國專科開發的保養品牌，值得信賴！在美國賣得非常便宜，所以可以選到當地旅行時再購買。

7 Cetaphil皂　雖然韓國也有賣，但是透過直購，能夠以低於半價的價格買到，所以決定把它放進此章的推薦清單。Cetaphil品牌本來就以不添加任何刺激皮膚成分的產品聞名，不會起泡的乳液型洗面乳雖然也很好用，但是在此更想向大家推薦會起泡，具有清幽香氣，而且很滋潤的Cetaphil皂。不過，這款產品比較容易變得軟爛，保管時要特別注意才行。

美容日記

能讓自己變漂亮的生活習慣

比想像中簡單

將醋放上洗手檯的理由

醋在浴室所扮演的角色

醋對皮膚的功用？

讓皮膚變得柔軟　洗臉後，於最後用來沖洗臉部的淨水中滴進5滴醋再清潔，會讓皮膚變得更加柔嫩。

預防＆減緩手腳濕疹　手腳皸裂或發癢時，可以在放進半滿清水的臉盆裡添加兩至三大匙的醋，接著將手腳泡入其中約5分鐘左右，擦乾後塗抹上保濕產品即可。

扮演潤絲精　以洗髮精或肥皂洗完頭髮，清水沖乾淨之後，在放進半滿清水的臉盆裡添加等同於平時使用潤絲精分量兩倍的醋，均勻攪拌。利用醋水按摩頭皮與頭髮，最後再以清水沖乾淨，使醋的酸性成分與洗髮精或肥皂的鹼性成分中和，讓髮質變得柔順，同時也能抑制毛囊蟲與細菌的繁殖。對於解決頭皮屑與頭皮發癢也有很好的效果。

抑制皮脂的面膜　均勻攪拌五分之一飯碗的冷水和5滴醋，以化妝棉徹底浸濕，置於容易出油或出現狀況的部位約10分鐘，便能有效控制分泌過多的油脂，同時也具有清潔毛孔的功效。

每天用喝的更好？

開水＋醋＝對抗慢性疲勞　醋不但可以清血，還有促進新陳代謝的功效。雖然用於皮膚時呈弱酸性，但是飲用下肚時，則可以用來中和體內酸性化的血液。因為壓力、飲酒、吸菸、過度運動等原因導致血液酸性化，會變得容易衰老，並且還會提高罹患高血壓與各種癌症的機率，所以讓血液維持在弱鹼性，是擁有健康人生的一大祕訣。

如果苦於慢性疲勞，或擁有危害身體健康的各種不良習慣，建議這些人可以每天喝一至兩杯添加一大匙醋的開水，持續飲用，不僅可以消除身體疲勞，還有助於消化器官、口腔清潔、腸胃健康等。萬一覺得醋的味道很噁心，可以添加蜂蜜一起飲用。

減肥醋　「香蕉醋減肥法」在女生之間相當流行。將香蕉、醋、黑糖以1：1：1的比例均勻攪拌後，靜置兩個星期待其發酵，然後把香蕉醋泡水飲用，便有穩定食慾、改善便祕、減緩水腫等功能。上述這個方法並不是沒有效，但是用開水沖泡發酵更完全的玄米醋，也能得到相同的功效，所以也不一定要特地多此一舉製作香蕉醋來喝。當然了，香蕉醋的味道自然是好喝許多啦！

　　把醋倒進用30元買回來的按壓式空瓶裡，放上洗手檯。雖然味道不太好，但是多虧了這個傢伙會盡忠職守扮演好自己的角色，讓我心裡踏實許多。接下來將會介紹各種活用「醋」的方法，但是現在先記住一件事就好：完成所有清潔動作後，請在最後用來沖洗的淨水中，滴進幾滴醋！

晚上清潔的習慣

就寢前，集中精神清潔，便能變得健康又美麗

如果是每天早晚都要各洗一次頭髮、身體才過癮的人，只要維持固有的生活模式就可以了。雖然太常盥洗反而會對肌膚造成傷害，可是如果不讓這種個性的人好好洗一洗，恐怕他們一整天都會渾身不自在，變得更加難受。但是，記得不要用太熱的水盥洗，也不要太用力搓洗。

如果是每天早上會洗一次頭髮、身體的人，希望你們可以改變一下這個習慣。從各種層面來看，晚上盥洗會比早上盥洗擁有更多的好處。

早上出門，晚上回家，鏡子裡的自己看起來或許並不是太過骯髒，似乎只要洗洗臉、洗洗腳，已經夠清爽的了。然而，一旦把肌膚放到顯微鏡下放大檢視，就會看到非常、非常驚悚的景象。附著於毛孔排出的皮脂與汗裡的全部髒東西，正咕嚕咕嚕地凝聚在一起。假如就此睡覺的話，髒東西便會滲進睡衣、寢具、臉部。就算早上起來把全身清洗乾淨，也不可能一大早就要處理已經被弄髒的寢具、枕頭，畢竟又不是住在飯店，總不可能每天都要洗這些布料織品吧！

光是因為清潔問題，就足以成為奉勸大家晚上洗頭、洗澡的好理由了，況且晚上盥洗也比較助於肌膚健康。放任被皮脂和汗水堵塞的毛孔，是加速肌膚老化的元凶，尤其現代人因為壓力與疲勞等緣故，頭部經常會出現上火的情形，如果一整夜都放著老廢物質與皮脂團不管，理所當然會出現頭皮屑與其他頭皮問題，同時也會加快掉髮的速度。

我完全可以懂下班後累得半死，即便只差一分鐘，也想要快點躺下來休息的心情；洗完澡，洗完頭，還要把頭髮全部吹乾再睡覺的話，睡覺的時間可就不得不往後延遲了。

但是，盥洗時搓洗著全身上下每一個部分，按一按頭皮，再用熱水消除疲勞的過程，其實是可以提升睡眠品質的。即便少睡30分鐘，也會像多睡了兩個小時一樣，隔天身體會感受到格外舒爽。

不要用自己的髮型是需要每天早上洗頭作為藉口，早上再多洗一次（除了乾性頭皮之外）反而對頭皮有更大的助益。真的有千萬個不願意的話，那就稍微用水沾濕後，再以吹風機吹乾，也是可行的方法。稍微忍受一點不方便，現在開始改變成晚上盥洗吧！

讓臉部冷卻下來

解決皮膚困擾？先從飲食開始檢視吧！

即使用著上好的保養品，也從不疏忽保養肌膚，可是肌膚問題卻不曾消失，或是泛紅情形嚴重的人，或許可以從發燙的臉上找到原因。臉部經常上火而衍生的肌膚問題，無論用再好的保養品、接受再貴的保養療程，也不會好轉的，因為這麼做並沒有根本地解決問題；同理，如果帶著這個老毛病跑去中醫診所，大部分只會開立降緩頭部火氣的處方。

臉部會發燙的人，豈止是肌膚問題？冬天的時候，不知道要承受多少別人無法理解的手腳冰冷困擾，還有腹部冰冷導致子宮不健康、便秘等腸胃問題。為了解決這些困擾，要先減緩聚集在頭部的火氣，盡可能讓身體氣血循環正常才行。接下來將一一為大家講述適用的方法。首先想為大家介紹可以降低肌膚溫度，並且減緩發炎症狀的幾樣助眠食物。不過，任誰都清楚知道，光是改變飲食習慣是沒有辦法解決問題的，所以下列食物僅供參考，最重要的還是要盡量努力保持心境開朗、減少壓力，還要試著改變所有壞習慣。

讓肌膚透亮的食物

薏仁 屬於涼性食物的薏仁，具有抑制疣或痘痘的功效。飲用薏仁水或敷薏仁面膜，有助於排除老廢物質，以及促進新陳代謝。

綠豆 以滋潤肌膚祕方而聞名的綠豆，屬涼性，抗氧化功能十分出色。不僅可以防止老化，改善黑斑、雀斑的效果更是不在話下，抗菌、抗病毒的功能，對發紅、發熱的肌膚發炎問題同樣很好。利用綠豆粉洗臉或敷臉，可以去除肌膚皮脂、老廢物質、殘妝、化妝品毒物。

鮭魚 豐富的維他命和不飽和脂肪酸對身體降溫，以及讓皮膚散發光澤很有幫助；降腸胃的火氣也很有一套。

蒲公英 除了擁有驚人的抗癌功效之外，也有清熱、排毒的效果。因為體內火氣而出現泛紅、化膿痘痘時，可以善加利用蒲公英。試著喝喝蒲公英茶，或是沖泡蒲公英用來洗臉。尤其是在擠完痘痘後，據說如果可以蒲公英煎泡出來的水洗臉，便能抑制痘痘再生。

不要隨便製作天然保養品

天然，並不代表百分之百安全

由於天然保養品具有可以控制各種肌膚困擾的功效，所以有很多女生都對製作天然保養品很有興趣。以前，能夠自己在家製作的保養品，大多限於肥皂或面膜，但是現在不只化妝水、乳液，還包括各式功能性精華液、防曬乳，甚至連美妝產品都有很多人自製使用。

然而，以「食物」角色表現亮眼的它們，被製成「保養品」之後的效果，似乎還得再好好觀察一下。肌膚出現問題時，很容易就會聯想到是因為保養品裡的化學成分所導致的，但是事實上我們吃的水果、蔬菜，或是經常喝的咖啡裡，都存在著難以數計的化學成分。假如化學成分會對皮膚造成傷害，利用綠茶洗臉、蔬菜敷臉等行為，其實也等同於塗抹保養品，一樣會危害皮膚健康。

尤其是因為敏感肌而對天然保養品躍躍欲試的人，更應該要慎重考慮一下。天然材料所含的成分，在提供肌膚豐富營養的同時，也有可能會誘發對肌膚的刺激性。

腦中浮現那些上網查到對肌膚有害卻又背不起來的成分，任誰都能一眼看出無關天然的成分，或是好像下一秒就會讓皮膚出問題的成分。其實現在已經出現了一種應用程式，只要輸入自己使用的保養品名稱，就能檢查當中含有多少有害物質。只不過，幾乎沒有任何保養品能夠在這款應用程式裡存活下來。

來自四面八方的資訊，讓我們的不安倍增，為了變漂亮而塗抹的保養品，會不會反而毀了皮膚？花了大把鈔票買回來的保養品，會不會反而是把「毒」搭上臉？然而，決定有害物質究竟毒不毒的終究還是人，因此經常會出現持意見兩極的說法。

舉例來說，長久以來都被作為保濕產品或洗面乳主要成分的礦物油，一直深受大家喜愛，但是就在幾年前，出現了礦物油是有毒物質的批判聲浪，主張從類似石油的礦物質裡萃取而出的礦物油，會導致肌膚問題。因此，無數內含礦物油的保養品就這麼被重重地打了一拳。至今，一提起問題肌膚一定要避免使用的成分清單上，每每還是會見到礦物油的身影。

可是，很多的皮膚專科都表示，礦物油並不會導致肌膚問題，反而因為它的組成與肌膚表層極度類似，對肌膚具有十分卓越的保護效果。基於相同的理由，保養品公司並沒有拋棄礦物油，現在仍然使用礦物油作為極敏感肌專用保養品的主要成分。

個人會把注意力集中在礦物油的優點甚於缺點。沒有任何一種完美成分是可以百分之百保證不會導致肌膚問題，所以「天然」不一定無條件是好的，「化學」也不一定無條件是壞的，先認知這點，再開始關注天然保養品吧！

對天然保養品躍躍欲試者的必讀守則

1 因為沒有添加防腐劑，所以微生物繁殖的機率很高，即便用了天然防腐劑，如果放得像市售保養品一樣久，還是非常危險！

2 添加了水的天然保養品，一次製作一回用分量對皮膚最好（例：化妝水、面膜）。

3 不要任意混合各種原料製作保養品，成分越複雜，危險性越高！

4 油類製品氧化的速度較慢，以油類為基底的天然保養品能比以水類為基底的天然保養品放得更久（例：肥皂、護唇膏等）。

5 如果個性是比較懶惰或得過且過的人，連試都不要試著想要製作天然保養品，因為這些東西除了要在完美、乾淨環境下製作而成，還得勤勞地使用天然保養品，所以不適合你！

綠茶的力量

能夠長久受歡迎，自有其理由

先喝一口吧！綠茶含有豐富的維他命C，具有美容皮膚的功效。有些人因為綠茶的咖啡因而拒它於千里之外，其實大可不必擔心會從綠茶裡攝取到過多的咖啡因。原因在於，綠茶內含15～25mg的咖啡因量，約略只等於咖啡內含咖啡因量的四分之一而已（順帶一提，成人一天攝取咖啡因量的上限為400mg）；再加上綠茶裡的兒茶素與咖啡因結合後，能夠有助減緩其吸收速度；適量咖啡因也有利尿的功效，可以藉此將體內的老廢物質排出，同時還能紓解積累在身體裡的疲勞。除此之外，兒茶素可以去除有毒物質——活性氧，藉以抑制衰老，並且還有舒緩發炎、降低膽固醇指數等功效。

藉由飲用的攝取方式很好，但是不妨讓一點綠茶的分量給肌膚吧！相較於其他天然原料，綠茶不僅對肌膚產生副作用的案例較少，而且還適用於所有肌膚類型。出色的抗老、抗炎功效，除了能夠預防肌膚鬆弛之外，另外也能鎮定濕疹、各類肌膚問題，以及皮膚炎等等。尤其如果正苦惱於泛紅、疼痛的痘痘時，最好讓自己早晚都能在浴室見到綠茶的身影，因為綠茶擁有降緩臉部火氣的效果。

如果想要沖泡綠茶粉、綠茶葉、綠茶包等等，當作洗臉時最後用來沖淨的水，記得要避免使用粉末類產品，這是為了防止沒有徹底溶解的綠茶粉滲入毛孔；綠茶粉用於磨砂或面膜最好。

靠綠茶變漂亮的五大方法

綠茶洗臉 將綠茶當作洗臉時最後用來沖淨的水，輕拍使其滲透進皮膚，無須再用清水洗淨。

綠茶磨砂 如果沒有閒暇特地空出時間敷面膜，可以將小指指甲分量的綠茶粉混入洗面乳泡沫中，用以按摩臉部肌膚，輕鬆去除老廢物質與殘妝。

綠茶蒸臉 以熱水沖泡的綠茶浸濕紗布，敷於臉部，冷卻重新浸濕後，再次用以敷臉，重複兩、三次後，以化妝水浸濕的化妝棉擦拭，便能擁有去完角質後的滑嫩肌膚。

綠茶面膜 將綠茶粉混入水中，厚敷於臉部，有助於調解油性肌的油脂分泌與鎮定肌膚問題。如果是乾性肌或敏感肌，可以在綠茶粉內添加蜂蜜後再敷臉，一次吸收綠茶的抗氧化與蜂蜜的豐富營養。

冰綠茶包 將使用過的綠茶包放進冰箱，早上起床後可以用來消除水腫，或是撕開茶包，善用茶葉的磨砂功能。此外，放在冰箱會有滋生細菌的風險，所以記得一定要在三天內使用完畢。

海鹽怎麼用？

海鹽漱口　刷完牙後，利用混合二分之一小匙海鹽的水漱口。不僅喉嚨痛時，有助於舒緩腫痛，還具有安撫牙齦發炎，以及去除口腔異味的功效（雖然用海鹽取代牙膏也是不錯的做法，但是擁有堅硬顆粒的海鹽有可能會對牙齦造成傷害，所以還是建議用來漱口就好）。

海鹽半身浴　將半杯海鹽混入熱水中，等到完全溶解後即可進行半身浴，有助於消除疲勞與水腫。

身體磨砂　利用混合了攪拌細碎的海鹽與荷芭芭油按摩全身後，泡進熱水中，便能大幅提升身體磨砂與消除水腫的功效。

海鹽洗臉　海鹽具有厲害的殺菌與消炎效果，如果能利用混合少量海鹽的水洗臉，便能有效鎮定痘痘或化膿的肌膚困擾。

海鹽頭皮按摩　利用溶解了海鹽的水清洗頭髮與頭皮，可以減緩頭皮發炎，並且有效抑制頭皮屑產生。

海鹽飲用　將兩茶匙的海鹽充分溶於1公升開水後，分成3～4次喝完，有助於解決便祕問題。原理是抑制大腸吸收水分與鹽分後，就能排出較軟的糞便。

海鹽，立刻去買！
打造無瑕皮膚的必勝單品

　　不是一般食用鹽或亂七八糟的鹽，而是把天然的海鹽活用於美容用途。為什麼偏偏要用海鹽呢？首先，海鹽擁有各種豐富的礦物質；就算大量攝取，相較於其他鹽類，對人體有害的鈉含量也比較低。其他非海鹽的劣質鹽類，絕大多數幾乎不含任何礦物質，純粹由鈉組成。海鹽不含重金屬之類的汙染物質，所以無論用於美容，或是料理，切記不要吝嗇花在「鹽」的錢！

　　如果想用海鹽美容，可以先將它溶於水中。為了確保不會對皮膚造成刺激，請先用攪拌器等工具將海鹽徹底攪至細碎後再收納備用。由於海鹽必須保存於完全乾燥的環境，把它放在浴室時，記得於其中放入矽氧樹脂之類的乾燥劑再收納會比較好。

如果有看過與本書相同系列《生活清潔劑》一書的人，會知道光靠蘇打粉就能把全家清理得多麼乾淨。但是大家只知道這麼聰慧的蘇打粉要怎麼用在家務，卻不知道其實蘇打粉讓人變美的效果也很出色。將洗碗、洗衣服剩下的蘇打粉聚集起來，改將其用於美容用途的編輯們，無一不為它傾心。最近用來美容的蘇打粉分量，甚至已經不少於用來做家事的分量了。要怎麼靠蘇打粉變漂亮？所謂的蘇打粉，就是碳酸氫鈉（$NaHCO_3$），呈弱鹼性，當它接觸到皮膚上的雜質時，就會出現和肥皂一樣的反應，換句話說，就是能輕易讓老廢物質溶解於水中的意思。利用溶解了蘇打粉的水洗澡，會讓皮膚變得相當柔嫩，也是因為它的弱鹼性；溫泉水也是基於同樣的原理讓皮膚變滑嫩的。不過有一點必須注意，一旦把蘇打粉放進太熱的水中，會因為化學作用而變成強鹼性，對皮膚造成傷害，所以不要將用來美容的蘇打粉混入過熱的水中是很重要的。

蘇打粉也要立刻去買！
以為只能用在家事上……連皮膚都照顧到了！

蘇打粉的美容活用妙方

磨砂　均勻攪拌蘇打粉和蜂蜜，替臉部磨砂1分鐘左右後再洗臉，便能擁有去除了黑頭粉刺與油脂的光滑肌膚。萬一沒有蜂蜜，也可以直接將蘇打粉混入平常使用的洗面乳即可。

處理腳部硬皮　把兩大匙蘇打粉混入盛裝好熱水的臉盆中，待腳部角質泡軟後，利用將蘇打粉、水、黑糖以1：1：1調和而成的凝漿摩擦硬皮後洗淨。最後搽上保濕產品，就能見到水嫩細緻的後腳跟。

鎮定身體局部肌膚問題　將混合了水和蘇打粉的蘇打粉糊敷於患部後睡覺，隔天醒來就會發現肌膚問題得到緩解。

解決頭皮屑　將一大匙的蘇打粉混入洗髮精中，仔細按摩頭皮，進行第一次洗頭，接著利用盛裝了平時使用洗髮精一半分量的噴瓶，進行第二次洗頭，便能改善頭皮屑問題，最後再利用醋潤絲也是不錯的選擇。

鎮定異位性皮膚炎與痱子　利用加入半杯蘇打粉（小孩子的話則使用四分之一杯即可）的洗澡水沐浴，可以舒緩發癢症狀。一開始可能會有一點刺痛，這是正常現象，不過如果刺痛情形已經造成嚴重刺激，務必立刻停止使用。

刷牙　擠完牙膏後，撒上少量蘇打粉再刷牙，有助於改善牙齒經常長白斑或口腔異味的問題，同時也具有美白牙齒和去除牙結石的功效。

入浴劑　將蘇打粉、檸檬酸、澱粉以2：1：1比例均勻調和後，最後滴入幾滴甘油與精油，隨即完成飯糰形狀的環保沐浴球了。不用再嚮往要泡什麼著名的溫泉水，只要把它當作入浴劑使用，一樣也能擁有同等效果的細嫩肌膚。

享受半身浴生活
稍微讚揚一下再走！

秋天來的時候，總有幾個原因令人快樂。可以穿上遮掩贅肉的大外套，可以嚐到油滋滋的烤鰺魚，可以道別油光閃閃的皮膚，就連惱人的除毛工作也可以有某種程度的解放。然而，最～令人開心的事，莫過於可以大肆享受半身浴了。

每當洗澡洗到一半不知為何還是冷得直發抖時，就會放一點水到浴缸裡，緩緩躺下，如果此刻令人感到相當煩躁，表示現在還不是屬於半身浴的季節；反之，如果躺下後，覺得全身彷彿融化似的，伴隨著席捲而來的倦意，甚至還浮現「最好時間可以就這麼停止」的念頭，那麼表示秋天來了！在秋、冬過去，春天來臨之前，只要好好享受半身浴，不僅能變得美麗，還能變得快樂，這樣的季節怎麼不讓人興奮呢？以健康的角度來看，半身浴最大的功效就是能改善血液循環。當有壓力或疲勞時，體內的火氣會聚積在上半身，這時只要做一做半身浴，讓下半身變得暖呼呼，就能散去原本聚在頭部附近的火氣，促進血液循環，進而加速新陳代謝，讓身體的老廢物質迅速排出體外，並且還能強化腸胃機能。只要血液循環好，肌膚理所當然就會變得滑嫩。

以美容的角度來看，半身浴對消除水腫格外有效，善用前面提到的海鹽或沐浴鹽當作入浴劑，藉由滲透壓現象，更能快速消除水腫。進行半身浴時，搭配按摩或腳踝部分的簡易伸展運動，效果會更明顯。

不過，半身浴真正厲害的地方並非在於健康或美容，而是到哪裡都難以感受到的平靜情緒。

為了將安寧情緒的效果發揮到最大，必須試著讓自己完全脫離這個世界，聽音樂或閱讀都是不錯的選擇，但是工作（連在浴室都要工作的人生實在太衰傷了）、傳簡訊、講電話都是絕對禁止的！同樣，用智慧型手機上社交網站，或是拍一張半身浴時的腳部照片後，標籤＃半身浴＃療癒，上傳到Instagram炫耀一番等等，真的拜託稍微忍一下吧！從入口網站點擊新聞連結來看也是NG！一天真的僅僅需要30分鐘讓自己徹底地脫離原本所處的環境，一開始可能完全不知道要做什麼才好，只能呆呆凝望著水龍頭，可能會覺得有些無聊、煩躁，但是換個角度想，正因為我們永遠都在「做些什麼」，所以連好好「無聊」一下的空隙都沒有，其實真的很悲哀。

人總是要等到無聊至極，真的什麼事都做不了的時候，才會想起自己，最近自己的狀態、想做的事、想要完成的夢想……。腦海浮現出想要塑身，或是想要培養新的興趣等等，雖然微不足道，卻在此刻才總算將過去藏在心中一隅的想法，小心翼翼地拿了出來。

進行半身浴時，試著閉上雙眼，讓五花八門的厲害計畫或希望充滿自己的腦袋，即便很荒謬也無所謂，即便不可能實現也沒關係。只要是專屬於我個人獨享的正面思考，無論是什麼都好。因此可以很確定是，藉由半身浴讓我們獲得情緒的安寧與增添生命活力。透過半身浴學習享受「無聊」的樂趣，試著與自己對話，就是這本書最終想要傳達給大家的，從生活裡變漂亮的方法。

從健康的角度來看 用嘴巴呼吸的話，會因為進入肺部的氧氣量減少而導致睡眠不穩、腦功能低落與集中力不足，也會因為雜質直接進入口腔，增加罹患感冒的機率；除此之外，能夠調節體溫與濕度的鼻竇只存在鼻腔內，用嘴巴呼吸會造成免疫力下降而容易引起發炎或過敏。由於嘴巴長時間張開，變得乾燥的口腔不僅容易滋生細菌，還會導致口臭、口腔發炎、蛀牙等症狀。

從美容的角度探討 由於閉上嘴巴時，下巴的肌肉會維持在正常、健康的狀態，下顎就不會變大；相反地，如果張開嘴讓下巴處在不健康的狀態下呼吸，肌肉沒有辦法正常運作，下巴就會隨之變得突出，同時還會因為要承受舌頭的重量，使下顎變得異常發達。此外，還會造成皮膚鬆弛、眼部肌肉下垂、鼻子變形。經常張開嘴巴，不能正常運用嘴巴附近的肌肉，正是導致肌膚彈性下滑與加深皺紋的原因；嘴唇總是乾裂、小孩咬合不正、臉部和人中變長，可能都是因為用口腔呼吸所引起的副作用。

學會正確的呼吸法 就算強迫自己，也要養成用鼻子呼吸的習慣。如果是因為鼻炎等原因而導致呼吸困難，請試著積極、努力接受治療吧！為了不要等到以後臉形改變才來後悔，當務之急就是趕快跑一趟醫院。用鼻子呼吸的時候，也不要只是吸氣，然後吐氣，試著固定呼吸的速度，因為一旦吐出的二氧化碳量比吸進去的氧氣少，會打亂身體的運行平衡，所以如果用了三秒吸氣，也要調整成用三秒吐氣。假如是吸氣較多的人，會因為毒素蓄積在體內，變成容易發胖的體質；假如是吐氣較多的人，據說是造成火病[3]的原因之一。將空氣集中在胸腔的胸式呼吸法，同樣也不是好的呼吸方法。經常運動胸腔上半部，會因為過度使用頸部周遭肌肉和肋骨肌肉，引起肩頸痠痛。試著習慣稍微把空氣停留在體內再排出的腹式呼吸法，即使起初不自在，也請費心練習，養成習慣之後就算不用刻意控制，也能自然使用這種方法呼吸了。

3　譯註：又稱鬱火病，為韓國特有且常見的精神疾病；主要為長期壓抑怒氣，而引起的強烈壓力性障礙。

變美麗的呼吸法
用嘴巴呼吸的話，會變醜

　　正常來說，呼吸是藉由鼻子吸入空氣，再由鼻子呼出空氣地重複進行代謝的動作。運動或深呼吸時，透過鼻子和嘴巴一起呼吸也是相當常見的呼吸方法，但是也有很多人會在罹患鼻炎或感冒時，因為鼻腔堵塞，或是單純無意識、習慣性用嘴巴呼吸。如果是為了消除緊張而放空時，自己會不由自主打開嘴的人，或是睡醒之後發現喉嚨很乾、嘴巴很渴的人，可能要意識到自己的臉蛋已經不知不覺中產生了變化。

避免冰冷食物　冰冷的食物會讓身體變寒，一旦體溫下降，免疫細胞就沒有辦法活動，隨之下降的免疫力便會使身體各部位變得容易發炎。多喝溫水，盡量克制對冰淇淋或飲料的欲望。打開冰箱就直接把食物立刻吃下肚也不是一件好事，要記得先將食物拿出來回溫後，再食用較佳。

積極正面的想法　負面情緒會給我們的身體造成壓力，也會讓火氣往上聚積於頭部。抗壓性較低的人，易罹患異位性皮膚炎或乾癬等皮膚病；另外，壓力所引起的火病，也會大大地妨礙血液循環與免疫力。努力讓自己持續抱持著積極正面的心境，便能將情緒控制自如。無論如何，終歸一句「師父領進門，修行看個人」。

穿襪子睡覺　睡覺時，因為身體不太活動，體溫多少會有些下降，穿上襪子睡覺，有助於防止體溫從腳尖流失；即便要多花一點錢，也請選擇材質好、吸水性佳的襪子。壓迫腳尖的襪子會讓腳部變得緊繃，太過寬鬆的襪子則容易鬆脫，因此適當的襪子彈性也很重要。

簡單的運動和伸展操　升高體溫的最有效方法，非運動莫屬了。有很多下半身冰冷的人都是因為體力差，不過比起過分激烈的運動，建議選擇剛好只會留一些汗的簡便運動讓身體變溫暖；此外，伸展操的重要性絕不亞於運動，鬆弛一下緊繃的肌肉和身體，按按摩，促進血液循環，身體也會變得暖呼呼。

熱敷與半身浴　藉由外來的暖氣讓下半身變得溫暖也是個不錯的方式。利用熱水袋或暖暖袋溫暖下腹部，或者選擇半身浴、泡腳等。冬天時，可以進行20到30分鐘，其他季節則控制在10分鐘以內，如此就能感受到恰到好處的熱度，以不會造成身體負擔的程度最佳！

肚子和腳，熱呼呼！
暖和下半身，就能變漂亮

　　讓臉部降溫、進行半身浴、保暖下半身，通通來自於同一個原理，簡單來說，想要變漂亮，血液循環一定要好。

　　如同水滾之後，水蒸氣會向上擴散蒸發一樣，熱氣的傳導特性是由下而上，所以只要下半身溫暖，氣血就能順利流向溫度較低的頭部；可是，如果因為壓力或運動量不足等原因，造成下肢冰冷，而頭部較熱的情況，聚積在頭部的熱氣便無法往下流動，一旦血液不循環，心臟自然也沒有辦法正常律動。

　　臉部發熱、頭痛引起雙眼充血的「上熱下寒」症狀，正好就是健康狀態的「頭寒足熱」的相反。因此，如果讓聚積在頭部的熱氣往下半身流動，促進血液循環、強化心臟機能，對健康有很大的好處。此外，不僅膚質會隨之改善，泛紅或其他肌膚困擾等美觀問題，也會出現明顯的改善。有很多罹患異位性皮膚炎、濕疹等難以根治的皮膚病患者，都是藉由將生活習慣改變成「頭寒足熱」，而使病情好轉許多。

與水腫的戰爭

放任水腫，會使皮膚老化

總而言之，對所有女生來說，水腫向來都是個惱人的問題，因為嚷嚷著「喝水都會胖」的女生可不止一、兩個。然而，水腫問題中，最令人頭痛的正是「睡眠水腫」。一旦體液沒有辦法透過淋巴管正常排出而積在肌膚表層，就會造成臉部嚴重水腫，水腫情形一嚴重，就會演變成脂肪型水腫，造成臉部線條圓滾滾，最後堆成了肥肉。就外觀上而言，嚴重水腫的臉蛋圓滾鬆軟，看起來相當不自然，水腫問題反覆發生，還會令肌膚變得鬆弛，十之八九看起來都會顯老，所以控制水腫沒得選擇「要不要」，而是「一定要」！

當水腫問題變得嚴重時，必須要懷疑自己是不是身體水分過多了？如果新陳代謝異常，水分的循環也會跟著變慢，體內的水分便無法「適才適所」地運作，小便或汗水也無法正常排出，最終造成水分的不正常蓄積。平常身體沉重、容易腫、早上起不來、經常覺得腳痛、很少上廁所、身體冰冷或糞便很硬時，或許就是因為身體的體水分正處於過多的狀態。特別是女性的肌肉量比男性少，只要淋巴的流通一中斷，造成體內水分停滯的可能性就相對提高許多。

控制水腫的生活小常識

吃太鹹？趴睡？ 喜歡吃重鹹的人，容易口渴，水也喝得比較多，在這種狀況下，細胞與細胞之間會因為充滿鹽水，造成臉部與身體的水腫。心臟機能下降時，也會使血液淨化功能跟著減弱，當水分和鹽分無法正常排出，水腫情形自然就會變得嚴重。不良的生活習慣，也是造成水腫的原因之一。尤其是趴睡時，會對流向著臉部的血管造成壓迫，因此出現睡眠水腫的情況，臉形也會變得嚴重不對稱。另外，姿勢不良也會導致血液循環不正常，進而引起水腫，如果有上述習慣的人，請務必調整改正。

改善水腫的習慣 當嚴重水腫、身體冰冷時，表示體內用來消化和代謝所需的水分不足，如果在這種情況下大量喝下根本無法順利運作的水分，反而會因為水無法排出體外而造成水毒。此時，攝取像是水果和蔬菜等天然水分，會比大量飲水來得好。食用辛辣或重鹹的食物會因此喝下過多的水，務必要記得避免此類料理。半身浴和伸展運動能有效幫助血液循環，促進老廢物質排出，同時輕輕按壓關節彎曲與淋巴腺經過的部位，也能助於改善水腫。睡前吃東西也會因為造成消化器官整夜無法休息而不能消除疲勞，伴隨而來的就是圓滾滾的腫脹臉蛋了。早上洗臉時，以冷、熱水交替潑灑臉部，輕輕按摩太陽穴、眼窩、顴骨等部位，也是能有效消除水腫的小祕訣！只要切記不要吃太鹹、經常做伸展運動，就能輕鬆擺脫嚴重的水腫問題。所以如果想要變漂亮，沒有什麼比擁有健康的生活習慣更有效的了。

食物是花朵，Super Beauty Food

別遺漏任何能變漂亮的食物，天天都要吃

源於大自然的大部分食材都擁有對健康或皮膚很好的營養，做好什麼都很好吃，吃什麼都很快樂的心理準備，會對想要變美麗的你很有幫助。從現在開始，希望大家可以每天持續不斷地攝取一些書中所提及的食材。

醋 醋用於肌膚時會呈弱酸性，可是進到人體後會變成鹼性，扮演著中和因酒、菸、壓力等因素而酸性化血液的角色。此外，醋還具有幫助消化、增強腸胃功能、消除長期累積的疲勞等優點，促使身體維持在最佳狀態。曾經有傳言指出，醋能分解脂肪，卻始終沒有見到任何人因為持續喝醋而達到分解脂肪的效果，所以可以不用期待醋有這種功效。但是，這並不表示醋和減肥沒有任何關聯；首先，由於醋具有消除疲勞的效果，所以與運動量增加有所關聯，再加上醋有助於人體吸收鈣質，而鈣質的功能之一正是抑制脂肪的吸收，因此，持續攝取醋和鈣質，某種程度上應該可以達到減肥的效果。喝醋，沒有什麼固定的方法，只要想到的時候，把少量的醋（5～10ml）加進水中稀釋飲用即可。但是，在飯前飲用可能會造成胃部不舒服或刺激，反而會促進食慾，造成暴飲暴食，奉勸大家還是飯後再喝比較好。另外，最重要的一點，就是醋的選擇。市面上販賣的料理用醋大多含有酒精，在一、兩天之內迅速發酵而成，因此用作料理調味或許很適合，卻不適合用作健康食品喝下肚。務必選擇以水果或穀類慢慢發酵而成的天然發酵醋！

黑豆 將國產的黑豆充分泡一整天的水後，放進平底鍋中以小火翻炒，大約需要經過40分鐘後，才能見到豆殼脫落，以及呈褐色的豆肉。食用翻炒後黑豆的方法有兩種：嘴饞的時候就拿起來吃，或是泡成黑豆茶飲用。黑豆具有排除老廢物質與毒素，藉以發揮解毒的功效，尤其是泡成黑豆茶飲用時，兼具將老廢物質排出與補給水分的效果。富含維他命與膠原蛋白的黑豆，有助賦予肌膚彈性，其中維他命B還具有防止掉髮的獨家功效。如果在減肥期間吃黑豆或喝黑豆茶也很不錯，因為低卡路里、高蛋白的黑豆，除了能夠有效解決營養不均衡，還能增加飽足感，以抑制食慾。

實現體內美化的每日必吃食物

優格 選擇優格和水果代替早餐，不僅能夠促進腸胃蠕動，同時還有助於排除老廢物質與美顏的功效。問題在於要選擇什麼樣的優格呢？市售的甜味優格添加了非常多的糖，攝取的糖分分量大約等於直接吃下3～4顆方糖。將無糖優格或乳酸菌加入溫牛奶，利用木匙均勻攪拌後，置於溫度較高的地方約24小時，便完成自製的優格了。最近可以輕易在大型賣場或超市買到利用希臘式製作方法，把優格發酵成起司般較硬的形態，主打口感綿密的希臘優格。在此推薦大家購買糖分含量少，甚至還被選為世界五大食品之一的希臘優格。

玄米生活
出版社的編輯們，
因玄米生活而改變！

出版社的編輯們比任何人都清楚知道，出了社會之後，想要維持健康的菜單，根本不可能。整個禮拜都是一邊吃著外賣，一邊截雜誌的稿，食道炎和腸胃問題，以及一點一滴堆積而成的脂肪，自然而然就會找上門。我們因此得到了一份大禮：龐大的體形和慢性胃炎。

這樣的生活，少則持續五年，多則二十餘年的我們，每到了午餐時間要挑選菜單就叫苦連天，「今天午餐吃什麼好呢？」老么編輯一開口問道，隨即便會從各處傳出嘆氣聲，心裡想要吃的是新鮮的蔬菜和清淡的野菜，可是實際上討人厭的菜單成員卻只有油膩、辛辣、重鹹的東西，煩！

「我受不了了！我們都是各個生活領域的專業編輯，可是我們的實際生活卻是一灘爛泥！」出版社的大姐頭站了起來。我們立刻跑去買了電鍋和玄米，然後各自從家裡帶了一、兩樣小菜過來，住在傳統市場附近的編輯負責每天早上向親自摘採生菜來賣的老奶奶買個幾十塊錢的蔬菜。

將泡好的玄米放進電鍋，按下開關，一到了午餐時間，辦公室裡滿溢著和睦家庭般的晚餐香氣。一聽到飯煮好的聲音，大家就會不約而同地吹起口哨。一見到會議室的桌上擺著玄米飯和蔬菜，以及在家做好的小菜，心情興奮得不得了，說得再誇張一點，那天我們個個都是含著淚把玄米飯吞下肚的，那頓飯大概比平常的飯好吃三百倍！嘴裡還一邊吶喊著「超幸福！」

將菜單改成玄米飯後，最先改變的就是吃飯的分量，相較於白米，玄米要多嚼好幾次才能下嚥，所以大家反而把小菜或蔬菜當作主食，現在只要吃一點點就很有飽足感，飯量少得驚人！過去一吃完午餐腳就開始水腫的編輯，到了晚上就得揉腳的水腫問題也得到了改善。

只要吃了中華料理，腸胃就開始作怪，一整天都在嗝、嗝、隔打嗝的編輯完全安靜了下來。即便體重沒有出現戲劇性的下滑，但是不知道為什麼，每一位造訪出版社的客人嘴巴都變得好甜，頻頻稱讚我們怎麼都變得這麼漂亮。趕走了宿疾便秘，總是能在早晨見到自己的「便便」，臉色也變得明亮許多，變得輕盈的身體，活力倍增。

如果把一天的菜單全面改成以玄米為主的健康餐，一定還會出現更多驚人的變化，不過實在沒有必要把自己逼到這步田地，這麼做已經確實地讓大家的健康生活得到許多正面的力量了。穩定的腸胃狀況、好得不得了的身體狀態等，都成了開始關心自己的健康或美容的契機，開始尋覓更好的食材，開始慢慢願意做運動。

就這樣過了兩年……嫌麻煩的時候也會叫叫外賣，偶爾會出現用泡麵代替湯，或是不配小菜，改配炸糖醋雞丁等等不像健康餐的食物，讓專門出版生活書籍的公司顏面蕩然無存，但是以後我們仍然打算讓玄米餐變得更加多樣化，因為我們將它視作自己為身體唯一付出的努力！

獨特風格的玄米飲食？
龜毛！有時又隨便！

泡上半天再煮飯 玄米不泡開的話，既沒有黏性，口感也會變差，所以充分泡開的玄米會比白米來得香，吃起來也別有一番風味。

搭配生菜一起吃 挑選各種生菜搭配玄米飯、醬料或調味大醬一起食用，就算不用配其他小菜，嘴裡也能有極為富足的感受，相當具有飽足感。

一粒一粒慢慢吃 老實說，我們沒有徹底執行這一點……不過還是希望各位讀者一定要細嚼慢嚥。玄米如果沒有徹底嚼碎，不但無法攝取它的營養，還會就此排出體外，可是會提高消化不良的危險喔！

混煮玄米與糙米 以前覺得玄米吃起來沒有黏性、食之無味時，總是會心不甘情不願的，不過只要加入糙米一起煮，就會產生黏性，也比較好入口。

吃少一點的理由

暴飲暴食老得快

　　等同暴飲暴食會變胖一樣危險的事，那就是因暴飲暴食造成的老化。只要一有食物進到我們體內，身體就會為了消化食物急忙開始運作，這個過程需要氧氣，一旦暴飲暴食，就會出現大量的活性氧；所謂活性氧，即會對細胞造成傷害、加速老化的有害變形氧氣。活性氧會破壞維持肌膚彈性的膠原蛋白，以及降低細胞的再生能力，放任皺紋與細紋現身。

　　此外，暴飲暴食會造成血糖快速上升，為了降低血糖，體內會急遽分泌胰島素，此時，男性荷爾蒙——睪固酮，也會跟著增加，導致皮脂分泌量激增，成為誘發痘痘的原因。持續暴飲暴食對腸胃造成相當大的負擔，最後使得腸胃功能變得低弱。腸是我們體內掌管免疫力的器官之一，一旦腸的健康狀況不佳，免疫力變差，身體機能自然會全面崩盤，因而輕易罹患各種發炎症狀或疾病。

幫助減少暴飲暴食的方案

先吃一點小東西　如果非得大吃大喝不可時，可以先吃一點東西墊墊胃。先吃一點水果或不會造成身體負擔的餅乾、蛋白質等，防止過度暴食。

不要吃到十分飽　在肚子餓到不行之前，先攝取一些食物，雖然消除了一些飢餓感後，可能會更想繼續吃下去，這時請放下湯匙！養成不要吃到十分飽的習慣，便能有效抑制食慾。

細嚼慢嚥慢慢吞　反覆咀嚼嘴裡的食物至少四十次後，再吞下去。相較於狼吞虎嚥的人，細嚼慢嚥的人所吃的分量明顯少了許多，也能較快感受到飽足感。需要反覆咀嚼的食物，如：蔬菜、玄米等，能夠美顏的原因也正是如此。

吃得清淡比較好　鹹味會促進食慾，再加上喜歡吃重鹹，會導致味覺變得遲鈍，為了尋找更具刺激性的食物，造成暴飲暴食。

吃得像個美食家　吃東西之前，先聞一聞，用舌尖舔一舔，想一想是用什麼食材製作而成的，最後再慢慢地品味食物的香氣和味道。

偶爾餓肚子也不賴的理由
我們的身體也有休息的必要

又要再重複說一次，有時候不要搽保養品真的很好。因為對保養品有著過分好奇心和熱情而獲得「敏感肌」大禮的編輯C小姐，以「保養品斷食」的方式代替看皮膚科，正慢慢替肌膚找回自生能力。上班時，會為了遮掩肌膚問題留下的痕跡而化一點妝，不過若是遇到沒有約會的週末，就會選擇在用弱酸性的洗面乳或清水洗臉後，一整天什麼也不搽，改選擇打開房間裡的加濕機，以及加強通風，費心不讓皮膚太乾燥或沾附任何污染物質。減少食用澱粉類和糖分，多吃水果、蔬菜，搭配保養品斷食，對皮膚的健康相當有幫助。

同理，偶爾遠離一下食物也很好。長時間飢餓當然會因為營養無法正常供給而對肌膚造成負面的影響，但是一、兩天的短時間斷食，讓腸胃休息一下，可以有效讓身體變得輕鬆許多。少吃一點，不僅能讓腸胃休息，同時也有助於皮膚健康，如同前面提過的，斷食可以避免身體製造不必要的毒素，讓肌膚變得更加透亮。

斷食前一天，請先吃一些不具刺激性的清淡料理，就算要突然中斷供給食物也盡可能不要驚嚇到身體。斷食期間，為了讓身體不冰冷，最好多喝熱水，睡足七小時以上也是有效提升斷食效果的好方法。

如果因為活動量較大或健康上的考量而無法嘗試斷食時，可以試著飲用蔬果汁一、兩天。除了可以幫助脹大的胃部縮小，還能充分提供身體維他命與有機物，有效改善膚質。

值得注意的一點是，如果為了調整體重等問題拉長斷食時間，有可能會引起疲倦或頭痛等各種疾病。相較於頻繁、長時間的斷食，選擇只在體重增加或出現水腫煩惱時，嘗試一下短時間的斷食比較好！

只要坐在家裡輕輕一按，就能收到來自世界各地的各種東西的現在，隨著國外直購的風行，最大的變化就是吃著數十種營養品的人數極大幅度地增加了。不久之前，還只有些許特別關心自己健康的人才會吃營養品，近來卻因為網路心得文或口耳相傳的方式，演變成人人都固定食用數十種營養品的地步，似乎已經開始變得有些過分依賴營養品了。

當初為了健康著想而購買營養品的人，漸漸將焦點轉移到其他方面，第一順位正是能夠變美的營養品。無論是能夠補充肌膚水分的玻尿酸、增加肌膚彈性的膠原蛋白，或是有助美白的半胱胺酸（L-cysteine）等等，都是俗稱「美容團購族」的必備產品。一聽說這些營養品擁有不輸高價保養品的功效，出版社的非官方美容編輯便二話不說打開錢包，心甘情願奉上白花花鈔票，可是結果呢？完全感受不到任何變化。

並不是說膚況沒有因為營養品而有任何改善，像是隨著年紀增加而逐漸減少的膠原蛋白和玻尿酸，的確因為攝取健康食品而得到某種程度上的填補效果，但是提到「某種程度」到底是哪種程度，大概就是極度、非常、超級些微的量。為什麼這麼說？因為我們所攝取的健康食品經過腸胃消化、分解，並不是攝取多少就吸收多少，到了最後自然只有極些微的部分能夠對身體產生影響。簡單來說，我們吃下肚的營養品有90%以上都會在消化後，變成糞便排出再次與我們相見。

總之，如果正苦惱於是不是該為了健康或美容吃一點營養品，當務之急應該要先好好檢討一下自己不良的生活習慣和飲食習慣，努力改善才是真正的明智之舉。想要看到營養品的效果，基本上一定要固定且持續攝取才行！再加上每個人需要的營養素不同，依據性別或年齡的差異，所需的營養也完全不同，所以全家人一起吃同一種、同分量的營養品，並不是一件好事。此外，過度攝取時也可能會引發副作用，反而對健康或皮膚造成問題，建議還是要先跟專家討論究竟什麼才適合自己的身體後，再行攝取。我深信沒有什麼事情是可以在短時間內達成的，也沒有什麼事情是輕而易舉可以完成的，想要變健康、變漂亮，絕對沒有「快速通關」的方法，所以也不要妄想透過攝取營養品能得到什麼戲劇化的改變。

營養品不是萬靈丹
營養品可以打造出完美肌膚？

無論如何，還是可以選擇吃一吃這些營養品

同時含有水溶性維他命C＆維他命B群的營養品　維他命C
可以有效預防黑斑與雀斑，同時還有助於肌膚內的膠原蛋白
生成。維他命B群除了扮演輔助維他命C的角色外，還兼具
均衡肌膚皮脂分泌的功能。這兩種成分皆具有易溶於水的特
性，可以放心一起攝取。雖然膚質不會出現令人眼睛為之一
亮的變化，但是只要持續攝取，可以明顯感受到疲勞減退的
功效。以天然原料製成的英國產維他命據說是最好的產品，
提供大家購買時參考用。

同時含有維他命E＆Omega-3的營養品　藉由天生絕配的
維他命E和Omega-3的抗氧化效果，防止身體與肌膚老化。
如果是從體形龐大的深海動物身上萃取而出的Omega-3，
可能含有重金屬汙染的風險，所以盡可能選擇萃取自體形
較小的海洋動物較佳；另外，最近萃取自海藻類的植物性
Omega-3也引起大家高度關注。膠囊是最適合脂溶性營養
品的攝取方式，不過由於此類產品較易氧化，開封後務必盡
快食用完畢。

騰空的勇氣，簡單就是解答

改變消費習性，生活就會變得不同

　　我承認，每當流行的東西擺在眼前時，即便曾經徘徊在買與不買之間，但一心抱持著非得抓住流行的尾巴不可而打開過錢包，可是最終流行就這麼消逝，而錢包也變得輕飄飄。

　　我承認，大概會在出國前的兩個多月就開始翻遍網路上的免稅店，然後購入一大堆根本就不需要的化妝品。

　　我承認，堆積如山的保養品根本連用都沒用過，只是一味欣賞它們的盒子，結果只能含淚分送給親朋好友了。

　　我承認，衝動購買了廉價的衣服和小東西後，只穿過一次就被它們糟糕的品質嚇壞了，最後只好塞進衣櫃的深處。

　　我承認，房間裡堆滿早就該丟的東西，卻老是覺得總有一天會用到它們，而打死不丟，其實心裡鬱悶得很。

　　我承認，一天到晚嚷嚷著穿什麼都不好看，可是嘴巴卻從沒抗拒過甜食。

　　我承認，總是把注意力集中在買保養品的樂趣，刻意忽略早已變得敏感、乾裂的皮膚狀況。

　　承認又承認，承認又承認，看來看去自己似乎沒有什麼可以變美的資格了……為什麼我要過這種生活？從現在開始，我要練習簡單過生活！

夢想慢活　亂七八糟的家、一團糟的皮膚、見底的戶頭……隨心所欲過生活，瞬間醒悟自己得到的只剩這些了，卻不知道該從哪裡開始改變，心裡相當煩悶；然而，電影和書給了我答案。看完慢活電影的代名詞《吉野理髮之家》（バーバー吉野）以及《海鷗食堂》（かもめ食堂）、《樂活俱樂部》（めがね）等，才發現活得無欲無求、簡單樸實是一件多麼美好的事。此外，讀完成功帥氣結束「零汙染計畫」的柯林・貝文（Colin Beavan）出版的散文《環保一年不會死！不用衛生紙的紐約客減碳生活日記》（No Impact Man）等幾本書後，了解到簡單生活可以對守護環境產生多少助益，開始夢想著減少消費究竟可以對自己的人生產生多少好處。

翻翻衣櫃、抽屜　一口氣從衣櫃裡翻出過去一年從來沒有穿過的衣服，聚集好後通通放到跳蚤市場，把所有收益拿出來請幫忙賣衣服的朋友們一起吃吃喝喝，聽著他們大吼大叫著「你變了！」。堆滿一整個抽屜的保養品試用包、沒用過幾次就被擱置的保養品，通通丟掉！不會再看的書、不會再對室內擺設起什麼效用的灰塵小物，通通整理乾淨！幾乎一整個禮拜都把精神集中在丟東西後，房間徹底變得不一樣了。那個曾經連放一根棉花棒都沒有空間的梳妝檯上，只剩下一些基礎保養品和彩妝品。看著空蕩蕩的書桌有些不習慣，索性擺上幾本自己喜歡的書籍，展示一下它們的封面。第一次順利關上衣櫃和抽屜的感覺，還真有點陌生。

享受留白的房間　靜靜看著有留白的房間，暗自下定決心，絕對不會再讓任何東西堆滿眼前這個畫面。因此，逛街的時候總是會先想想究竟是「非需要這個東西不可」，還是「買回去占位置」破壞我那簡單、美麗的房間氣氛。每每在出清特賣時像是被下蠱一樣走進商店，喪失理智地把東西丟滿購物籃的我，現在會果斷告訴自己「隨時都有出清特賣，如果沒有需要的東西，今天就若無其事從店門口走過就好」。買衣服時，寧可多花一點錢，也要挑選可以穿比較久的材質和設計款式，大幅降低失敗的風險。下了很大的決心後，開始認真找老師學皮拉提斯，偶爾會聽到身邊的人說自己穿衣服變好看了。不過由於鉅額投資在運動上，自然而然就會減少外食或搭計程車的次數了。

一點一點變得簡單　即便花在保養品或廢物上的錢變少了，但是生活仍然很拮据，不過跟以前那種拮据的層次有所不同，現在是為了提高生活品質而打開錢包，屏棄追求一次性快樂的消費方式，開始認真生活的感覺，真好！如果說買一些沒有用的保養品或衝動買衣服的喜悅，是侷限在當下那一瞬間的快樂，整理完家裡沒用的廢物，一打開家門，便能在空氣清新的家裡伸伸懶腰；吃著稍微貴一點卻新鮮無比的沙拉，不只那一天過得快樂，那種感動已經超越終其一生都在追求的可貴、喜悅了。一起變得簡單吧！從今以後，不要再當那種為了瞬間快感而打開錢包的人了！

有點慢，卻漸漸變得簡單的心

變／得／簡／單　的原則

- 想得簡單一些
- 對別人的眼光神經大條一些
- 多聽少說
- 手上不要握著智慧型手機
- 把不用的東西丟棄或送去跳蚤市場
- 牆面、置物架上不要堆滿相框或雜物
- 不要與不喜歡的人維持聯繫
- 在吃飽之前放下湯匙
- 選擇讓腳像穿著運動鞋一樣舒服的鞋子
- 偶爾放肆享受高卡路里或對身體無益的料理
- 不要執著於擁有完美人生、成為完美的人
- 不喜歡就說不喜歡！拜託大家這麼生活吧！

像隻小狗侍奉主人般

結語

「想要活得像個漂亮的女人」，一心抱持著這個想法而開始製作這本書的。因為我永遠不想失去那張閃耀動人的臉，想要活得有型、瀟灑。然而，實際製作這本書之後，我想說的反而是「學會侍奉自己、珍惜自己、愛自己」，就像看到主人會垂下尾巴，蹦蹦跳跳的小狗一樣，過著一種看見自己就開心得不得了的人生。何謂愛自己的方法？不是事事都要堆得滿滿的，而是要從學習騰空開始做起才對。

　　抹得又厚又髒，並不代表美；依賴昂貴的保養品並不是通往美麗的道路。豪爽地買了好保養品卻不用，才可惜。

　　改變不滿於現狀的心態，才是讓臉蛋美豔得像花朵般的真正方法……那個放任自己的身體敗絮其中，深信只要外表打扮得漂漂亮亮就好的我……沒錯，曾經的我真的如此過。

　　活得簡單一點！試著從現在開始好嗎？就從把那些陳舊的、不用的保養品清離梳妝檯開始，似乎是最好的方法，一邊仔細想著究竟自己的皮膚真正需要的是什麼。吃好東西、搽真正需要的東西，偶爾試著卸下濃妝走出家門。做得過分比做得不夠更糟糕，或許就是人生的解答，不，這本書與人生無關，只是一本關於皮膚的書，所以我要說的標準答案應該是奉勸大家，保養不夠比過分保養更好才對。

　　拜託，慢慢地，讓明天變得比今天更美。

國家圖書館出版品預行編目資料

生活美容／F.book 著；王品涵譯 . ——初版——臺
北市：大田，民 105.04
面；公分 . ——（Creative；090）

ISBN 978-986-179-444-0（平裝）

1. 化粧品 2. 皮膚美容學

425.4   105001966

Creative 090
....

生活美容
過去揉太多保養品了！

F.book ◎著
王品涵◎譯

出版者：大田出版有限公司
台北市 10445 中山北路二段 26 巷 2 號 2 樓
E-mail：titan3@ms22.hinet.net　http：//www.titan3.com.tw
編輯部專線：（02）25621383　傳真：（02）25818761
【如果您對本書或本出版公司有任何意見，歡迎來電】
行政院新聞局局版台業字第 397 號
法律顧問：陳思成 律師

總編輯：莊培園
副總編輯：蔡鳳儀
執行編輯：陳顗如
行銷企劃：古家瑄／董芸
校對：黃薇霓／王品涵
美術編輯：曾麗香
初版：二〇一六年四月一日
二刷：二〇一八年四月十日
定價：230 元

總經銷：知己圖書股份有限公司
　　　　台北公司：106 台北市大安區辛亥路一段 30 號 9 樓
　　　　TEL：02-23672044 ／ 23672047　FAX：02-23635741
　　　　台中公司：407 台中市西屯區工業 30 路 1 號 1 樓
　　　　TEL：04-23595819　FAX：04-23595493
　　　　E-mail：service@morningstar.com.tw
　　　　網路書店 http://www.morningstar.com.tw
讀者專線：04-23595819 # 230
郵政劃撥：15060393（知己圖書股份有限公司）
印刷：上好印刷股份有限公司

國際書碼：978-986-179-444-0　CIP：425.4/105001966